建筑工程审计常见问题与对策

萨仁托娅◎著

中国商业出版社

图书在版编目（CIP）数据

建筑工程审计常见问题与对策/萨仁托娅著.--北京：中国商业出版社，2019.1

ISBN 978-7-5208-0616-9

Ⅰ.①建… Ⅱ.①萨… Ⅲ.①建筑工程—审计—问题解答 Ⅳ.① F239.63-44

中国版本图书馆 CIP 数据核字（2018）第 277090 号

责任编辑：王彦

中国商业出版社出版发行

010-63180647　www.c_cbook.com

（100053 北京广安门内报国寺 1 号）

新华书店经销

北京虎彩文化传播有限公司印刷

* * * *

787 毫米 ×1092 毫米　16 开　13.25 印张　145 千字

2019 年 1 月第 1 版　2019 年 1 月第 1 次印刷

定价：58.00 元

* * * *

（如有印装质量问题可更换）

随着社会经济和综合国力的不断增强,工程审计得到了越来越多人的关注。基于经济监督与控制功能的逐渐增大,建筑工程的审计也得到了强化,同时工程审计还能够有助于提高项目的开发并增强建筑的规范操作,但是在建设工程审查方面还存在一些问题亟待解决。建筑工程中审计工作具有经济监督的职能,能够最大限度地对建筑行业进行规范,有效监督建筑资金的使用,对建筑工程的质量做出保证,提升建筑工程中资金的有效利用率,不断强化建筑行业审计工作的质量。而对于建筑工程审计中遇到的问题,必然会对建筑工程产生不良影响,因此,需要不断运用有效的方式进行解决。

随着我国建筑行业的发展,我国财政资金对建筑行业的投入逐渐增加,需在保证建筑行业健康发展的基础上对建筑工程领域进行有效审计。建筑工程审计是我国建筑经济监督体系中非常重要的一项工作,建筑工程审计是在国家审计机关及审计组织在国家相关法律的规定下,

建筑工程审计常见问题与对策

运用科学的审计方法,对建筑工程的整个过程进行监督,并以审计形式产生的报告可为建筑行业提供依据。建筑工程审计不仅对建筑工程具有预算的作用,同时也能够维护消费者的合法利益,给消费者数据支撑,因此对审计工作进行有效管理至关重要。

目 录

第一章 建筑工程审计概述 …………………………………… 1

　第一节 建筑工程审计的具体内容 …………………………… 3

　第二节 建筑工程审计常见的问题 …………………………… 6

　第三节 建筑工程审计工作的重要性 ………………………… 12

　第四节 建筑工程审计中问题解决 …………………………… 14

　第五节 建筑工程审计对施工项目投资成本的控制 …… 19

第二章 工程预结算审计中常见问题及对策 ……………… 25

　第一节 建筑工程预结算的影响因素及改进对策 ……… 27

　第二节 工程预结算审计中存在的问题及关键点 ……… 34

　第三节 建筑工程预结算中的定额与清单计价 ………… 40

第四节　做好工程结算审核的措施建议 …………………… 45

第五节　有效提高建筑工程预结算编制质量的方法 …… 49

第三章　工程造价审计中存在的常见问题及对策 ……… 57

第一节　工程造价审计的内容、方法以及注意事项 …… 59

第二节　工程造价审计中存在的问题及建议 …………… 64

第三节　建筑工程造价审计和决算资料管理 …………… 70

第四节　信息化背景下工程造价审计策略 ……………… 76

第五节　工程施工阶段工程造价跟踪审计常见问题及措施

…………………………………………………………… 81

第四章　建筑工程竣工结算问题与优化对策 ……………… 87

第一节　建筑工程竣工结算的常见纠纷及防范对策 …… 89

第二节　工程量清单计价模式下工程竣工结算审核中常见问题及应对方法 ……………………………………… 98

第五章　建筑工程审计具体应用 …………………………… 113

第一节　BIM 技术在工程造价跟踪审计中的应用 …… 115

第二节　PDCA 循环法在建设工程审计中的应用 …… 121

第三节　现代风险导向审计在施工企业内部审计中的应用 …………………………………………………………… 127

第四节　审计在医院工程招投标中的作用 ………… 134

第五节　全过程跟踪审计在建筑工程造价中的应用 … 140

第六节　风险导向审计在建筑施工企业内部审计中的应用 ……………………………………………………… 145

第七节　微探工程审计在工程造价控制中的合理应用 ……………………………………………………… 151

第六章　建筑工程审计与管理 ……………………… 157

第一节　建筑工程资料的管理 ……………………… 159

第二节　建筑工程项目的风险管理审计 …………… 165

第七章　建筑工程财务审计管理 …………………… 171

第一节　建筑企业财务会计管理中的缺陷及措施 …… 173

第二节　建筑施工企业财务管理风险分析及审计应对 ……………………………………………………… 179

第三节　财务审计在工程招投标中的作用 ………… 184

第四节　工程项目收尾阶段财务管理 ……………… 190

第五节　会计审计对工程财务管理的促进意义研究 … 194

结束语 …………………………………………………… 199

参考文献 …………………………………………………… 201

第一章 建筑工程审计概述

第一章 建筑工程审计概述

第一节 建筑工程审计的具体内容

建筑工程的审计工作，不仅贯穿于项目管理活动的全过程，它还是对工程实行内部控制的重要组成部分。要想开展行之有效的项目审计工作，就必须认真分析建筑工程中存在的管理问题和审计缺漏之处，并积极采取一定的方法和策略加大审计、监督力度，保证建筑项目的审计质量。当然，这光靠建筑施工团队自身的努力是不够的，还需要政府等相关建设部门积极出面邀请专家，建立专业的工程审计部门，对建筑工程项目的建设工作进行针对性的指导工作。除了指导作用外，相关审计部门还要起到监督的作用，对于该区域内部所有的建筑项目进行定期的监督探访，和施工企业通力合作，最终保证工程项目管理有条不紊，建设项目投资效益得到提高。

在建筑工程施工时，审计工作根据工程的不同施工阶段可以分为三个方面，分别是施工前期审计、施工中期审计和施工后期审计。三个不同的工程阶段，在审计重点和相关的审计规范上都有一定的不同之处，存在的管理方法也不尽相同。

一、施工前期的审计工作

施工前期,主要包括建筑项目的投资、招标、施工合同的签订等方面。在此过程中,审计工作的重点就是要保证这些施工环节都是合法规范的,没有任何徇私舞弊的情况出现。在对工程项目和工程造价进行概预算审计工作时,需要结合实际的建筑面积和设计标准,着重检查工程预结算的价值是否突破概算价值,与合同是否发生冲突。

二、施工中期的审计工作

施工中期,主要包括材料的购进、施工器具的使用和准备、施工方案的确立和进度计划的制订等方面。在此过程,审计工作需要对其中的资金利用进行全面的掌控,这主要包括以下四个部分:①资金的来源是否合法,施工时是否能够保证资金的到位。②施工各项工作的安排是否合理,审计工作的开展是否在基于公平诚信、公开公正的前提下进行。③资金的流动环节,是否存在不合法的转移、挪用、私用等问题。④施工中的各项变更和隐蔽工程的审计工作是否被提上日程,并积极落实下去。

三、施工后期的审计工作

施工后期的审计工作,需要对每个项目的最终完成量进行统计核实。等到建筑工程真正竣工时,还要重点对建筑消费数额进行详细、

第一章 建筑工程审计概述

准确的核查，从最大程度上确保资金使用的规范性、合理性。与此同时，还要对最终的决算金额和建筑规划、相关合同和整体效益等方面进行全面的审计工作。

第二节 建筑工程审计常见的问题

工程审计,是国家审计相关组织在审计相关法律法规、政策条令等文件的指导下,审计建筑工程企业的资金运行全过程,然后写出审计报告,对建筑工程企业的资金运行状况做出客观评价,以监督工程建设中有无违法违纪的现象出现,包括隐匿资金、截留投资包干结余等。作为一种经济监督形式,工程审计保证了工程建设的顺利进行,强化了建设工程的质量,提高了相关组织或个人的投资效益,维护了建筑工程企业、业主、国家的合法权益。只是,很多审计工作并不能发挥其应有的价值,下面我们就其原因进行分析并探讨一下解决措施。

一、建筑工程审计工作中现存的问题

(一)审计工作人员能力水平低,项目审核环节不严谨

建筑工程项目的审计工作对审计人员的能力要求水平较高,但在实际的审计工作中,审计人员的能力水平普遍低下。审计工作的开展需要相关人员对建筑项目进行整体的考核,从资金的运行到最终的去

向运用，都要进行全面掌控，以此保证资金使用的合理性，最终实现利益的最大化。对审计工作人员来说，他们的专业技能和工作能力都必须能够满足审计工作的复杂要求，对各种信息的分析能力和推敲能力都要强。当然，他们还需要有足够的责任心，对工作中各种不正确的现象能够积极做出改善和纠正。建筑项目的审核环节一般都是一环套一环的，对于审计资料的准确性要求非常高。从项目合同书到材料购买等小的书面文件都要一一进行检查核实，正因如此，它的审核工作量是非常大的，所以项目审核环节中出现不严谨的问题也就很正常了。

（二）审计工作的管理环境松散，工作的安排不合理

审计工作的管理非常严谨，需要从全方面着手布置，但目前建设单位内部的项目管理薄弱，环境松散。管理不严的后果直接导致项目建设运营的投资效益低，资本的利用效益也大大降低。任何组织内部的管理都需要严格完善的体系和一个轻松愉悦的管理氛围，如果审计工作的外部环境过于松散，则会严重影响到审计工作的正常发展，并使得审计部门和项目单位缺乏有效的沟通。审计工作的完成质量，除了与管理方法和外部环境有关，还与审计工作是否合理安排有关。毕竟建筑工程是一个非常复杂的工作系统，会涉及诸多大小环节和部门。只有在完美的工作协调配合下，审计工作才能进一步实现准确性、科学性。

建筑工程审计常见问题与对策

二、审计工作低效问题

建筑工程的资金运作异常庞大而复杂，存在着确定的和不确定的种种因素，这给审计工作的开展造成了不少困难。只有涉及审计的各方认识到发生这些问题的诱因并提出恰当的解决方案，审计工作才能实现自身的价值，避免陷入形式误区。

（一）体制不够健全

国家相关文件对于建筑工程的具体程序予以了明确规定：调查、决策、计划、招投标、施工、竣工、结算与决算、工程质量评估，程序完善，有据可依。审计管理体制却并非如此，存在着不健全之处，致使工程建设的资金运行得不到有效的监管，漏洞频出。此外，因为建设工程是由施工企业、监理企业、开发企业三方共同管理的，所以，在管理的过程中，难以避免责任不清与互相扯皮的现象，这对施工、监理、管理等诸项工作造成了严重不便，审计工作的进行自然也不例外，被错综复杂的企业与部门妨碍着。如果能够完善审计相关体制，甚至明确不同组织不同个人的责任，将会有截然不同的审计效率。

（二）竣工结算问题重重

目前的审计工作主要集中在工程竣工结算方面，工程竣工结算是否严谨而科学，对审计的效率有直接影响。综观众多企业的工程竣工结算，可以总结出以下问题：合同内容订立不严格导致施工企业多算，某些开发企业不是很重视发包合同,在内容方面诸多错漏,诸多的开发企业将内容集中在进度和质量两个方面,至于其他则完全忽略掉,包括工程价款,于是,在竣工结算时,发包合同难以起到其本应该具有的约束作用,施工企业在竣工结算时,常常利用合同缺口多算;计量误差也是竣工结算出问题的一个缘由,或者是不熟悉计量规则,或者是小数点有疏忽的错位,或者是计量单位有所不同,这些都使得竣工计算问题重重;此外,有些工作人员并不熟悉套用定额的计量,不管不顾文件对定额予以的正文或补充解释,一味进行套用,甚至出现了高套定额或者是重复套用的现象,这导致了竣工结算的不准确性;在费用计算方面,施工企业枉顾合同规定或者开发企业压根儿没有订立相关合同内容,于是,施工企业为自己的利益,划分出工程类别来计算费用,所以,有很多费用予以了重复计算。竣工结算中的这些问题都给审计造成了困难。

(三)审计人员的认识不到位

不少审计人员认为,审计就是对工程的费用数据进行一个统计,是财务方面的问题,对于审计起到的其他价值却不甚知晓,如促进企业内部调控、提高企业收益等,于是,审计变成了一项应付性的差事,审计结果可想而知。此外,审计人员对于审计中的风险并没有形成认知,工程审计涉及内容颇为复杂,这些内容很多存在漏洞,如果审计人员不能予以发现,做出了不适宜的结论,就会导致审计的风险性变高。

（四）审计管理存在的问题

首先是审计内容单一。目前，审计，重在计而不在审，审计人员成为变相的发票复核会计，不是审查工程建设中可能出现的问题。其次是审计滞后。不能及时对问题予以发现或纠正：曾经有一个工程由两家施工企业负责施工，一家施工单位在完成自身任务后便按照任务量进行了竣工结算，另一家施工单位却在一年之后才完成自身任务，其则按照整个图纸设计进行竣工结算，没有任何部门和人员发现第二家施工单位重计了工程量，均予以了签字通过，直到审计时才发现问题，并且有着变更与签证的其他问题，但是工程已经建设完成，很多事情已无法改变，其原因是工程周期长造成了审计的模糊性。建筑工程通常不是一年内可以完工的，建筑材料的品种与价格在这漫长的周期内会发生很大的变化，并且在建设中还存在着质次价高与大量的浪费，这些都使得审计可能发生模糊性，即与事实不符。

三、建筑施工中工程造价审计存在的问题

（一）审计人员责任意识不强

审计工作一旦展开，工作人员尽可能主动学会发现问题，抓大放小，将误差控制在正常值内。此外，工作人员审计工作失误可能会给建筑工程带来损失。每个造价咨询单位内部的几级审核外，若发现问题还会重新审核。工作人员在审计工程中必须严肃认真，稍有失误可能造

成再次审核,延误工期,阻碍工程的正常施工。

(二)项目招标文件与合同不一

工程项目与文件内容不一致的情况时有发生,表现在两者间的工程计算和结算方式不一样。建筑工程过程中,合同与招标书中的调整比例不符,或者不按照合同的条款进行。任何一种情况都可以使建筑工程项目中断,甚至使工程造价和工程质量成反比,即工程造价提高,工程质量并未得到改善。工程质量与公司利益两者相较,部分企业偏向后者,导致企业故意提高造价获得经济效益,出现造价和投资不一的情况。

(三)通过签证增加工程量或者提高材料的单价

总的来说,签证不合理的情况有以下三种:①施工企业内部工作人员的沟通不及时。现场签证工作的内容是否为预算的一部分,手续是否齐全也是不确定的,甚至,部分工作人员对工程项目的内容也不清楚,造成签证相当不合理。②有些企业签证过程中的内容没有细化,但工程量、价格等缺一不可。③现场签证是在工程进行之前展开的,有些企业钻法律空子,等着工程结束后再进行补签。专职审计部门不能准确地掌握企业情况,不能把握工程质量。

第三节　建筑工程审计工作的重要性

一、减少企业各项经济损失

工程审计是对企业经济活动的合法性、合理性和效益性及反映经济活动真实性进行审核、监督。其有效执行是企业经济活动保障的重要基础，对企业生活、发展有着非常重要的影响。工程审计工作的有效开展对企业经济活动也有着一定防范作用。通过事前的决策，对企业投放、使用率、投资风险等进行审核，确保企业经济的效益。同时通过内部工程审计人员对在建或已完工的工程项目进行审计，可以及时发现问题，控制造价，使企业的投资效益得到提高。同时工程审计人员要经常审核相应的合同，这样还可以将合同的纠纷因素降低，在一定程度上减少了纠纷的发生，这样企业就不会有不必要的损失。

二、维护企业的利益

工程审计的目的在于提高企业的投资效益，这与企业的目的相一致。工程审计的实施，对维护企业利益有着很大的影响力。工程审计人员一般参与工程项目的决策过程、施工图设计过程及施工过程，可以尽自己所能给企业决策者提供比较专业与比较详细的专业资料，让决策者通过资料做出合理的最优选择，通过决策的风险分析，避免造成不必要的浪费。工程审计工作的全过程长久的执行，因为工程审计人员的参与，可以让企业资金使用方向正确，使用合理，同时使用效率大大得到提高，在一定程度上维护了企业的经济方面的利益。

三、促进企业管理体系的健全

工程审计工作的执行还可促使企业管理体系的完善。在工程审计的过程当中发现的问题可以及时向上反映。譬如，因为施工过程增加工程量导致施工费用的超标，工程审计人员可以要求对方出具详尽的方案，报主管部门审批，同意方可进行施工，这样可以杜绝增加工程量的随意性。

第四节 建筑工程审计中问题解决

一、对于工程审计中问题的对策与解决方法

（一）加强审计人员素质培养，建立健全审计管理模式

建筑工程审计工作因为其主要操作是人工，所以想要在最大程度上解决我国现有的工程审计问题，应把加强审计人员的素质培养放在首位。

对于审计人员的素质培养应先立足于培养其职业道德，在这个基础上，对工程审计人员进行审计法律、工程结构、施工工艺、财会知识、图纸识别等方面知识的学习，强化岗位培训，确保其能完整、准确地学习到最先进的审计知识，有条件的情况下还可以出国培训，学习外国先进经验，并对工程造价这一学科进行完整的、系统的学习。

相关建筑企业还应建立其完善的奖罚制度，根据工作效果，给予相应的奖励，用以调动审计人员的工作积极性，让工程审计工作快速、有效地进行下去。

在审计管理模式方面，财务部门的鉴定程序应当更加完善，对于造价文书的法律地位予以明确，明确成本管理与工程造价，让建筑工程审计制度规范化、完善化。在项目施工过程中审计部门要与施工部门进行全方位的配合，完善工程管理制度，并与建筑工程审计相结合。归根结底，就是对建筑工程审计进行科学的界定，约束不合理的工程审计手段，将建筑工程审计中有可能遭遇的风险降到最低。

（二）运行用现代科学手段，加强审计资料的完整与真实

随着计算机技术的进步，越来越多的行业将电子计算机技术和网络信息技术同本行业技术相结合，建筑工程审计技术也在一定程度上实现了信息化与现代化，但是这还远远不够，想要将建筑工程审计技术同计算机信息技术进行科学的、完善的结合，还需要工程审计人员对计算机信息技术有足够的了解，并且要能够熟练地掌握工程审计软件，使用科学的、先进的信息技术对审计所需的资料进行深入的、严谨的检验，并找出其中的问题点，防止因审计资料的不完善导致的审计失误。

（三）加强审计工作的后期跟踪，完善组织协调

对于审计工作后期跟踪的加强，首先要对审计人员的工作责任感进行培养加强。让跟踪审计人员能够熟知工程招投标文件与各类施工合同及其操作流程，同时，要切实做好建筑工程审计的相关宣传工作，保证被审计的单位能够及时地了解到跟踪审计的程序，从根源上了解

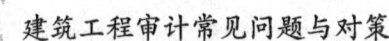

后期审计的重要性，提高后期审计的质量与效率。

建筑审计工作想要顺利地开展，就需要各个部门间的相互配合，要加强审计部门与其他相关部门间的交流与沟通，就必须支持与鼓励各部门人员参与到审计进程中，为审计人员提供帮助，壮大审计队伍，完善各个组织间的协调，提高建筑工程审计的质量。

建筑工程审计是建筑工程施工中的重要一环，它能有效地维护施工单位和业主的合法权益，能直观地、如实反映出建设工程的相关工程造价，有利于提高投资效益，降低投资风险。但是，在建筑工程审计中还存在很多问题，阻碍了工程审计工作的有效进展。为此审计人员或相关机构必须采取有效的措施，保证审计工作的高效运行。

二、优化工程审计工作的具体方法

对于我们国家在工程审计过程中存在的各种问题，以及工程审计的重要性，我们国家一定要结合中国工程建设的实际情况，全面健全并且优化中国工程审计力度和相关体制的构建，让中国工程建设在一定的审计制度下可以更好、更合理地科学发展，具体来说，可以从以下几点着手处理：

（一）加快审计法规的立法

只有加快了审计法规的立法才能让中国工程审计可以有法可依。在新阶段的工程建设审计当中，缺少法律根据审计工作是无法顺利开展的，尤其是依法治国的观点一直深入人心，法律、法规已成了解决各类问题的基础。面对我国工程审计工作缺少审计法规根据的情况，相关立法部门一定要跟上时代的脚步，优化审计领域立法工作，让我们国家的工程审计工作可以有法可依，为工程审计工作解决了法律当中所存在的问题。

（二）提高审计人员道德品质、专业素质

很长时间以来，我们国家工程审计工作在展开过程中，就因为审计人员的道德品质以及专业素质的原因，总是出现各种各样的问题。所以在审计的工作中，相关工程审计人员一定要保持好良好的道德品德以及相应的修养，可以真正遵守审计法规，不断去优化自己的专业审计技能，使工程审计工作可以公平、公正、高效地展开。

（三）确保工程审计工作独立性

确保工程审计工作独立性，坚持工程审计和财务审计相结合的工作方法。要使审计工作得出的审计结果真实、可靠的，确保审计工作开展的独立性是非常重要的。在工程建设的过程当中，确保审计工作的独立特性，可最大限度地提升审计工作的公正、公平性和审计结论的真实性，提升审计工作的质量以及相应的效率。

（四）优化工程设计和招、投标环节的审计工作

优化工程设计与招、投标环节的审计工作让工程建设可在审计工作的开展进行。由于工程设计和招投标的重要性，在工程设计准备时期工程设计人员要坚持做到低成本优化设计，在工程招、投标过程中，

建筑工程审计常见问题与对策

真正加强工程的审计工作，企业工程审计人员一定要坚持原则，坚决制约和打击这个环节中违法腐败行为，让工程审计工作在工程建设的关键点发挥着至关重要的作用。同时工程审计人员要摆正心态，一切以企业的利益为首要目的，遵纪守法，公平、公正地处理自己经手的工程审计工作，同时企业要对玩忽职守、审计质量低下，造成企业损失的工程审计人员予以处罚，对造成重大过失的且已取得注册资格的工程审计人员，应将对其工作表现的评价报送地方造价协会备案，从全行业的角度来约束工程审计人员。

第一章 建筑工程审计概述

第五节 建筑工程审计对施工项目投资成本的控制

项目的成本控制贯穿于工程建设自招投标阶段直到竣工验收阶段的全过程，它是企业全面成本管理的重要环节，必须在控制措施上给予高度的重视，以期达到提高企业经济效益的目的。建筑工程的施工阶段是资金投入最大的阶段，同时它也是招投标工作的延伸，是合同的进一步具体化。在建筑工程施工这一阶段影响工程造价的可能性相对较低，节约投资的可能性已经很小，但是，如果当整个工程的实施进行到施工阶段，这个时候出现浪费投资以及增加成本概率往往是最大的，因此在这一阶段更有必要加强成本控制。

一、项目成本控制的原则

（一）成本最低化原则是项目施工阶段成本控制的根本目的，其在于通过各种手段加强成本管理，降低施工项目成本，以达到实施最低目标成本的要求。

（二）全面成本控制原则。即项目成本的全员控制，它有一个系统的实质性的内容，包括单位、各部门的责任网络和班组经济核算等。成本控制工作要随着项目施工进展连续进行，既不能疏漏也不能时紧时松，要将施工成本自始至终置于有效的控制下。

（三）动态控制原则。即中间控制原则，是把成本重点放在施工项目各主要施工阶段上，及时发现偏差及时纠正偏差，在生产过程中进行动态控制。

（四）目标管理原则。目标管理是贯彻执行计划的一种方法，它把计划的方针、任务、目的和措施等逐一加以分解，提出进一步的具体要求，并分别落实到计划的部门、单位甚至个人。

（五）责、权、利相结合的原则。在项目施工过程中，项目经理部应对各班组、各部门在成本控制中的业绩进行定期检查与考评，实行有奖有罚的管理制度，这样才能真正做好责、权、利相结合的成本控制，才能达到预期的效果。

二、施工过程中出现的问题

（一）施工方案不够经济合理，工程项目的成本与其施工组织设计有着非常密切的关系。在保证工程质量和工期满足的条件下，优化施工方案是控制和降低工程成本的有效途径。由于在施工方案中缺少对新技术、新材料、新设备的研究利用，从而很难使施工方案实现技术与经济的结合。

（二）材料管理制度不健全及不重视材料管理制度，材料费用占整个工程造价的60%~70%，它在施工企业项目成本中具有举足轻重的地位，可以说材料成本管理的成败决定着施工企业工程项目成本管理的成败。可是，目前材料浪费严重仍是施工项目中最为常见的违背成本控制原则的现象。虽然很多时候企业坚持按照定额确定的材料消耗量实行限额领料制度，但由于项目部对劳务分包并没有严格的管理制度或材料管理人员把关不严格及劳务工人素质较低，致使劳务分包队伍随意使用材料，过度消耗，余料随意乱扔或者被施工工人偷偷卖掉，浪费、失窃严重，不回收可再利用的材料，造成材料超支，造成巨额损失。

（三）缺乏完善的责、权、利相结合的成本控制体制，要使成本控制真正发挥及时有效的作用，必须坚持责、权、利相结合的原则，奖罚分明有利于促进施工项目成本控制工作健康发展，是实现低成本战略的重要武器。

（四）安全事故较多，项目的安全健康管理，就是在项目实施过程中，组织安全生产的全部管理活动。通过对项目实施安全状态的控制，使不安全的行为和状态减少或消除，以使项目工期、质量和费用等目标的实现得以充分的保证。但大多数的工程项目都发生过不同程度的安全事故。

三、针对施工过程中出现的问题，提出成本控制的有效方法

（一）优化施工方案，施工方案是否先进、合理不仅直接关系到施工质量，也常常会影响工程造价，必然会直接影响到工程项目的目标成本和工程项目的利润，制订合理的施工方案可以降低工程成本，

缩短工期，保证工程的质量和安全，实现工程项目经济效益的提高，在工程施工过程中，除了组织专家对投标文件的施工组织设计进行审查外，还应对施工过程中各个阶段的施工方案进行比选，对项目做多方案的技术经济分析比较，努力节约工程投资，从而达到控制工程成本的目的，获得更高的经济效益。

（二）科学控制材料费，材料费一般占全部工程项目成本的65%~75%，直接影响工程成本和经济效益，材料费的控制应遵循"量价分离"的原则，控制材料用量和材料价格，材料用量的控制应从以下方面着手：坚持按定额确定的材料消费量，实行限额领料制度，在施工过程中加强施工现场管理，合理堆放材料，减少二次搬运，降低堆放、仓储发生的损耗，改进施工技术，推广使用降低材料消耗量的各种新工艺、新技术、新材料。在对工程进行功能分析，对材料进行性能分析的基础上，尽量用价格低的材料代替价格高的材料。

（三）建立责、权、利相结合的责任考核制度，施工项目经理部是以项目经理为核心的相对独立的经济实体，施工企业成本管理的主体是施工项目经理部，施工项目经理部成本管理的主体是项目全体管理人员及施工作业队全体施工人员，项目经理是项目成本管理主体的核心领导，这样形成了一个以项目经理为核心的成本管理体系。

（四）安全就是效益，施工现场的安全是工程项目管理的重要环节，要想预防和避免安全事故的发生，必须加强现场管理。对于施工企业来说，现场管理是其生产经营活动的基础。同时，它也是企业整体管理工作中的一个重要组成部分。优化现场管理必须遵循经济效益原则、

第一章 建筑工程审计概述

科学合理原则和标准化、规范化原则。

总之,建设项目施工阶段的工程造价控制是工程造价全过程控制中极其重要的一个环节。加强工程成本控制是当前施工企业创效争收的主要途径之一。施工企业要根据自身的特点,把技术与经济相结合和管理思想贯穿于整个施工过程,逐步建立和完善适合企业内部的成本控制方法。要加强现场管理人员知识结构的多元化与综合化的教育,提高工程预算水平,通过各种合理有效的成本控制的技术方法,在施工管理中实现最大的经济效益。

第二章 工程预结算审计中常见问题及对策

第二章　工程预结算审计中常见问题及对策

第一节　建筑工程预结算的影响因素及改进对策

为了保证工程成本、施工进度与建筑质量，建筑工程预结算是否与实施工程相符合便是关键因素。而且建筑工程预结算也是建筑企业是否获得预期经济效益的重点，这其中涉及的诸多方面都需要进行工程预结算的专业人员根据实际情况与建筑企业建设及资金能力做出合理的建筑工程预结算，这也是工程施工前所必须做好的基础工作，同时也是企业经济效益的前提保障。

一、建筑工程预结算的影响因素

建筑工程的预结算要从预算与结算进行分析，建筑工程的预算是对施工项目的成本估算，而建筑工程的结算则是工程结束后所能够得到的实际资金，做好准确的建筑工程预结算，能够直接影响到建筑企业的经济效益。但实际施工中对建筑的工程预结算的影响因素却有很多，具体有如下几方面：

（一）准备期间未结合实际情况进行建筑工程预算

建筑工程的预算是建筑项目工程施工的前提条件，通过对建筑工程的整体成本预算，能够让建筑企业对施工项目有一个清晰的认识。但有些建筑企业对建筑工程预算的意识不强，只是根据工程图纸或结合各期的工程情况来进行建筑工程预算，并没有结合实际了解更多施工项目情况再进行预算。

对建筑工程预算没有进行相应的施工地域实际考察以及调查类似的施工情况，没有切实了解工程的实施难易程度。这些都很容易影响到建筑工程的预算，从而使建筑工程的预算不准确，在施工时出现不符合预定工程计划或是工程量偏差等情况。

（二）施工过程中对建筑工程预算的影响因素

施工过程是对工程预算的检验过程，若是工程各期的施工都能够按照预订计划进行，则建筑工程预算不会有很大的偏差。而施工过程中可能出现由于施工实际情况而导致的工程变更与施工工艺变更。

建筑工程施工会根据当前工程的实施情况制订更符合施工情况的工程计划，这就会偏离准备期间做好的工程计划，从而影响建筑工程预算的准确性；而施工工艺亦是如此，实际的建筑施工情况以及施工环境都将会让施工工艺进行相应的变更，而这种变更也会直接影响建筑工程的预算准确性。

第二章 工程预结算审计中常见问题及对策

（三）其他方面对建筑工程预算的影响因素

建筑工程的预算还要结合工程的实体费用与工程量的计算。而对建筑工程预算影响最大的便是工程的实体费用，工程实体费用中包括了材料费用、人工费用、机械费用等，而市场上的材料费用价格是最不稳定的，上下浮动大，而且人工费用也会随着市场价格的变化而变化，这都对建筑工程的预算准确性有影响。

在进行工程量计算的时候，因为相关的工作人员对工程设计图上的指标或者内容没有表述清楚，从而导致了进行建筑工程预算时没有进行全面的工程量计算规则，致使建筑工程预算出现偏差。

（四）没有专业的预结算人员

一个企业的发展最为主要的核心成员是专业的技术人员，而进行建筑工程预结算时也应当有专业的建筑工程预结算人员对项目工程进行预结算，这样能够保证建筑工程预算与实际建筑成本的偏差在允许的范围内，也能够增加项目工程的结算力度，有理可循，从而让企业的经济效益最大化。

而一些建筑企业缺少相应的预结算专业人员，而进行建筑工程预结算的人员则是缺少专业知识与实际经验，进行建筑工程预结算的能力有问题，让建筑工程预结算出现很多漏洞，这就会直接影响建筑企业的实际利益，影响建筑工程的预结算成果。

（五）工程完成后结算资料的完整程度

在进行工程结算的时候，项目工程的结算资料的完整程度会直接影响到建筑工程结算的结果。其中工程结算的资料有施工图纸、工程项目变更的材料、竣工图纸、结算书、预算成本评估等，而工程项目变更的材料是影响工程结算的最大因素，其可以直接影响到结算编制的正确性，这对工程结算有着一定程度的影响。

（六）相关合同的执行及材料单价的合理性

从一方面看，合同的执行力度以及相关合同是否按照条款执行都会影响到工程的结算，且合同的正常执行也是建筑工程成功结算的保障。在进行合同执行的同时，对建筑工程所用材料的单价也要进行思量，因为材料单价是随着市场的变化而变化的，因此，材料的单价是不固定的。但合同执行期间，材料的单价是统一的，所以在结算过程中对材料单价的浮动要有一个合理的定量，这也是工程结算过程中容易出现分歧的地方。

（七）没有完备的管理与管理制度

我国大部分建筑企业都通过减少预结算工作人员的数量或降低预结算人员的质量来达到节约建设资金的目的。然而，建筑工程预结算以及项目造价的整理、预估、管理等工作都非常地复杂，要有完备的管理人员与管理制度对预结算工作和工程造价进行管理与监督，从而保证建筑工程预结算能够顺利进行，来提高企业的经济效益，减少经

第二章　工程预结算审计中常见问题及对策

济纠纷问题。

二、建筑工程预结算的改进对策

建筑工程的预结算是建筑企业从整个项目工程中得到良好经济效益的前提保障，同时它也能够保证建筑工程的施工进度以及建筑质量。因此，随着预结算的影响因素以及相关问题的出现，也有了如下对策进行建筑工程预结算的改进：

（一）做好前期准备工作，确保工程预算

在对项目工程进行施工之前，对施工地域进行详细的考察，再根据工程图纸，与工程图纸的设计者进行详细的商讨，以确保工程图纸的准确性与详细性，从而通过实际考察情况与详细的工程图纸等材料，结合各期工程所应当进展的程度，来对项目工程进行详细的工程预算，对各个工期都要阐述清楚，由小点到大点，再到全面铺开。

在对项目工程预算完成时，将工程预算结果与相关工程工期负责人以及工程总负责人进行讨论，确保工程预算由当前情况所致的准确性，若是项目工程预算准确无误则可以进行下一步的计划。

（二）降低施工期间与其他因素对工程预算影响

施工期间由于某些原因而导致的工程变更或工程工艺变更，这可以从工程准备期间所制订的工程预算进行变化，比如说工程变更后，根据对应工期的施工情况进行相应的预算结果变更，从而保证工程预

算的变化有理有据,同时将可能引起的资源、资金浪费降到最低。

就其他因素对工程预算的影响来看,材料费用与人工费用随着市场的变化而变化,从根本上可以根据长期的材料费用与人工费用浮动区间,从而取一个价格浮动出现最为多数的价格作为统一定价,从而减少费用的上下浮动对工程预算的影响。

(三)合同、材料的完整保证与合理的材料单价

从上文可知,合同的执行情况、相关材料的完整性与合理的材料单价,都是工程结算的重点之一,而解决这三个问题可以分别从施工的准备期到施工完成的这一段时间进行改进。在起初确定好工程预算时,对工程合同的相关条款以及执行应当都是在双方的协商下进行的,双方共同监管与共同执行是对合同执行顺利的保障。

相关的材料应当从进行工程预算的那一刻开始准备,将有关的工程图纸、市场材料价格调查、实地考察情况、工程变更情况等涉及工程项目的材料都存放在一起。而材料的单价,也根据当时预算中所取用的价格为准,若有价格回升应当准备好相应的材料,从而确保材料单价的制度合理。

(四)建立完备的管理制度与培养专业的预结算人员

专业的预结算人员对建筑工程进行预结算也是对建筑企业从项目工程中得到良好经济效益的保障,通过专业的预结算人员对项目工程的预算与结算,从而在保证工程进度与工程质量的基础上,让建筑企

第二章 工程预结算审计中常见问题及对策

业也能够避免相关材料准备不充分以及价格制订不合理的情况出现。

而建立完备的管理制度，则是从管理层面出发，对预结算工作进行有效的管理，从而减少预结算工作中所出现的问题，保证建筑工程预结算的顺利进行的同时，也能够保证工程施工期间对工程计划与工程预结算成果的实施情况。

建筑工程的预结算能够在一定程度上降低工程成本，保证建筑企业的经济效益，因此，它是一个全面而准确的实事求是的过程。它也是项目工程能够如期完工并有良好建筑质量的前提保障，同时建筑工程的预结算也有利于资金的调转和回流。所以，控制好建筑工程的预结算，是一个两全其美的事，这之中还需要更多的专业人士进行实践与探究。

建筑工程审计常见问题与对策

第二节 工程预结算审计中存在的问题及关键点

建筑施工企业能够有效控制成本中的预结算,是企业获得利益的基本前提之一,施工项目成本的预结算管理,是施工管理的重要环节之一,有效地进行项目的预结算控制,是为了提高企业的经济效益,使企业在激烈的竞争中立于不败之地,因为对于预结算的控制,影响到了企业的财务成果,以及投资者的影响,预计的预算多,那么利润就少,预计的预算少,那么利润就多,还有预估的成本与实际投入操作的成本是否一致也是一个问题,因此,企业只有科学地控制工程预结算,使企业投资达到最佳的经济效益,才能使企业获得盈利,保证企业的良好发展。

做好建筑施工项目预结算的控制,有利于合理有效地制订出最后工程的造价。建筑工程的施工过程,不仅包含着人力劳动,还有物质的消耗,是产品生产的过程。要想在其中获利,就要在之前预估好工程成本的价格,进行全面预算,然后根据成本价格进行投资,使投资

第二章 工程预结算审计中常见问题及对策

达到最优,还能够有效控制产品的生产费用,降低结算成本,提高企业效益。

一、建筑工程预结算存在的问题

(一)管理制度不健全

没有一套权责相结合的工程预结算管理制度,要想其控制取得成效,就应该建立一套权责相结合的有效管理工程预结算的体系,但是,现今的预结算管理体制并未很好地将责任和权利做到统一。

(二)工程质量与预结算控制不平衡

没有做到工程项目的质量保证和预结算控制的管理,现今,许多企业都十分强调工程质量,而忽视了预结算的控制,虽然工程质量得到了保证,却增加了许多为了提高质量而额外增加的成本,使企业的经济效益降低,还有一种企业就是片面追求经济效益,而忽视了工程质量,这样也许企业的利润会增加,但是后期造成的施工质量问题会导致企业支出额外的成本,还会对企业的声誉造成不好的影响。

(三)工期成本控制不到位

企业没有做到对工程项目工期预算与结算的控制,工期成本中的预算与结算指的是为了达到合同所需完成的工期目标,所花费的费用成本,工期目标是企业预定要完成的目标之一,但是很多企业对于工期目标没有相应的重视,导致了工期目标没有很好地完成,从而产生为了赶工期而赶进度的影响，导致工程增加了预算以外的成本。

（四）相关工作人员工作素质不到位

工程项目管理人员的预结算控制意识不强，这是一种现在普遍存在的现象，在进行施工项目时，没有合理控制，负责技术管理的只关心技术质量，负责材料的只关心材料采购，负责进度的只关心工程进度，未将其与预结算的成本控制结合起来，导致工程的成本得不到有效控制。

部分承包人为了节约人力成本，招募一些素质不过关的人员，他们大多没有进行预结算专业方面的培训。只是对建筑工程预结算工作有一定的见解就担任此项工作。他们的专业水平有限，虽然真实性不高，但由于造价低而被采用。实际施工中，才发现项目漏算或项目重复计算等情况，导致项目工程量出现较大的偏差。如果发包人与承包人签署的是固定总价合同，对承包人而言，工程款就会造成严重的亏损。

（五）合同订立不完善

合同的订立双方一般是指发包人与承包人。由于合同条款考虑地不周全，如变更项目工程量及单价的计算、工程款的支付方式及支付比例、违约金的规定等在合同中没有明确规定，常常会导致施工单位在做结算时困难重重，往往不能按时拿回工程款。在这样的情况下就会发生合同纠纷，进而影响整个工程项目的建设。所以在合同制订过

第二章 工程预结算审计中常见问题及对策

程中,应该就可能出现的所有情况做出具体的阐述与解释。

(六) 建筑材料价格波动考虑不周

在建筑工程中,资金有很大一部分是用在建筑材料的购买上。所以工程的造价成本也主要是由材料的价格决定的。但是由于市场的多变性,材料的价格总是处于一个波动的状态。假如在投标预算时没有考虑到材料价格波动的问题,在施工过程中一旦材料的价格出现大幅度的波动现象,材料价格降低的话还好;如果是上调,而且是大幅度地上调一定会使承包人的收益受损,这样就会违背他们获益的初衷,进而影响工程本身。

(七) 成本审核过程不认真,收益计算不准确

成本的审核是整个工程结算审核中最重要的一项,因为它关系到施工方最终的收益额。在成本的审核过程中不能一概而论,工程的成本会因项目、地区、季节等众多因素的不同而不同。成本审核要求审核人员工作细心并且要有成本审核的经验,否则检查不出是否有疏漏的地方。部分承包人不注重审核的过程,认为只要结算人员确认无误即可,不经过其他人员复核。一旦审核不认真就极有可能出现成本项目漏算的现象,如果是一些小项目还能够弥补,倘若遗漏的项目过多也必然会造成很大的损失。

(八) 现场施工经验不足、管理不到位

现场的管理人员施工经验不足,在施工方案及预算中所提到的一

建筑工程审计常见问题与对策

些细节问题不能及时注意到,管理不到位等都是常见问题。发生这样的情况一来工程将不能如期完成,二来工作效率提高不了,会使工程项目成本加大,最终导致项目的收益降低。需要注意的是,一些重要的细节不能被注意到,可能会导致建筑工程的施工质量问题。

二、预结算控制过程中需要注重的关键点

(一)权责相结合

在实现预结算控制的整个过程中,要坚持项目的组织形式,保证权利和责任相结合,明确每个部门和各个员工的工作范围、职责和权利的界定,并且有严格的奖惩机制,预结算控制与绩效考核有机地结合,保证预结算控制的落实。

(二)整体性

预结算的控制不仅体现在一个单一的环节,它贯穿于工程管理的全过程,只有做好全面预算与结算控制才能有效地实现成本控制,也才能有效降低成本,这要求全体工程人员参与工程预结算的控制,提高相关的责任意识,保证意识能够付诸实践。

(三)把握全面预算与经济效益之间的关系

预结算控制并不代表着工程质量的降低,其与工程质量没有明确的关系,要把握好全面预算、结算与经济效益之间的关系,用最少的

第二章 工程预结算审计中常见问题及对策

成本获得最大的收益。避免工程出现质量问题，导致额外的成本增加，只有较低了发生故障的预结算控制，才能有效地提高经济效益。

第三节　建筑工程预结算中的定额与清单计价

近几年来，建筑行业取得了跨越式的发展，传统的定额计价方式已经无法满足建筑工程预结算的根本需求，清单计价方式逐步在建筑工程预结算中得到推广应用，但清单计价方式在我国仍处于发展阶段，清单计价与定额计价需要结合应用，才能保证建筑工程预结算顺利完成，才能促进清单计价走向成熟发展的道路。

一、定额计价与清单计价内容概述

定额计价和清单计价是我国建筑工程造价管理中两种主要计算方式。在我国，工程造价管理还处于初级发展阶段，虽然在一定程度上取得了较为优异的成绩，但与西方发达国家相差甚远。随着全球经济一体化不断发展，我国的市场经济体系也在逐步完善，因此，国家对建筑行业的市场规范更加重视，建筑行业的工程造价即将面临一场空前的挑战，尤其在我国加入世界贸易组织之后，建筑工程的建筑规模

第二章　工程预结算审计中常见问题及对策

越来越大，传统的定价规则已经无法适应国际惯例，建筑工程造价逐渐减少定额计价方式的应用，尝试应用国际性清单计价方式，但就目前而言，清单计价方式在我国建筑工程造价中相较于国外发达国家还不成熟，还需要与定额计价方式相辅相成才能保证建筑工程预结算的真实、可靠，因此，工程计价工作人员应充分掌握定额计价和清单计价两种计算方式的差别，以便将二者应用在工程预结算中。

（一）定额计价的计算方式

预算定额是我国建筑工程造价传统的计算方式，已有几十年的发展历史，是法定性质强制执行的依据，简称定额计价法，又称工料单价法，是指根据招标文件，按照每个国家建设行政主管部门发布的建设工程预算定额的工程量计算规则，参照省级建设行政主管部门发布的人工工日单价、机械台班单价、材料以及设备价格信息与同期市场价格直接计算出的工程费用，再按照标准的计算方法计算出建筑工程建设中的间接费用、收入利润以及缴纳税金，最后将所有计算得出的数据汇总在一起，确定工程项目最后的工程造价。在这个过程中，计价的依据是强制执行的，也就是说，是政府发布的具有权威性的定额。

定额计价的计算方法和工作程序：定额直接费用＝人工费＋材料费＋施工机械使用费。人工费是人工工日与工人日工资标准相乘得出的费用；材料费是材料的用量与材料的预算价格相乘得出的费用；施工机械使用费是机械台班与台班单价相乘得出的费用。单位直接工程费是定额直接费用、其他直接费用以及现场经费三种费用的总和；单位工程概预算造价是单位直接工程费、间接费用、利润以及缴纳税金四种的总和。定额计算方式是在计划经济下的工程造价管理中的一种定价,对我国过去的国民经济工程计价具有重要的作用。定额计价中的测算和编订环节是根据我国建筑工程施工中多年的经验总结而出的,实用性较高。目前,仍然是我国建筑工程造价编制订额的重要依据。但这种计价方式受规定标准的限制,无法灵活控制,不利于工程施工单位体现自身优势,无法适应市场竞争的需求。另外,定额计价的单项成本预算受政府政策的影响较大,且影响因素会随着不断完善的建筑市场体系而不断增加。

(二)清单计价的计算方式

清单计价又称综合计价法,简单而言,是指根据《建筑工程工程量清单计价规则》,投标人依据招标人公开提供的工程量清单结合企业实际情况,计算出工程施工中所需一切费用的工程造价方式,具体来讲,是指工程量清单由招标人公开提供,再由投标人进行自主报价或是招标人编制标底及双方签订合同价款,而工程竣工结算等一系列活动是由投标人自主完成,招标人提供工程量清单所需的所有费用,即分部分项工程费、措施项目费用、其他费用、规定费用以及缴纳税金。

工程量清单计价的计算方法与工作程序:工程量清单计价内容包括基于统一的工程量计算规则,制订工程量清单项目设定规则,依据工程施工图纸计算出各个清单项目的工程量,再将收集到的工程造价信息和经验数据计算得出最终的工程造价。工程量清单计价的编制过程一般由工程量清单的格式编制和利用工程量清单对投标报价进行编制两个部分构成。投标报价就是依据业主提供的工程量计算结果，结合建筑企业从各种渠道收集到的信息和资料以及企业定额，汇总得出最后结果。其中，分部分项工程费是分部分项工程量与分部分项工程单价相乘得出的费用，包括人工费、材料费、机械使用费、管理费以及利润等，还要考虑到承担风险的费用；措施项目费是措施项目工程量与措施项目综合单价相乘得出的费用，与分部分项工程单价的内容不尽相同；单位工程报价是分部分项工程费、措施项目费、其他项目费、规定费用以及缴纳税金相加得出的费用。

清单计价是国际通用工程计价计算方法，具有灵活性的特点，体现出建筑企业在市场公平竞争的形势，切合市场经济发展规律。但在实际操作过程中，由于清单计价法在我国还处于初级阶段，相关制度体系并不完善，易引起不必要的结算纠纷，还容易受到计价工作人员的影响。

二、定额计价与清单计价

由于建筑工程是一项耗时耗力且投入成本较高的系统性工程，而清单计价方式虽具有较高的灵活性，但易受到诸多因素的影响和限制；定额计价方式虽操作简单方便，但不易灵活操控，因此，在建筑工程预结算中，应选用合理的计价方式，方可达到事半功倍的效果，保证建筑工程预结算顺利进行。对于建筑规模较小，工程量较少的建筑工程，一般采用定额计价的方式进行预结算；对于建筑规模较大，影响因素较多的建筑工程，通常采用清单计价的方式进行预结算。依据《建筑工程工程量清单计价规范》，将定额计价和清单计价方式灵活应用在建筑工程预结算中，并结合建筑工程预结算的实际需求，为建筑工程预结算提供可靠保障。

在建筑工程预结算中，应用清单计价方式要求计价工作人员具备较高的职业素养与建筑企业具备较高的管理水平，以促进清单计价方式成为建筑工程预结算的主流，在清单计价具体应用中需要注意以下几点：首先，形成企业定额。企业定额是清单计价的基础，要考虑到建筑企业的施工能力以及管理水平，通过不同渠道收集相关数据，以此证明企业真正实力，最终完成企业清单计价。其次，重视组价环节。建筑工程在预结算中要预见风险，将风险费用预算出来，以便清单计价能够真实、完整。最后，充分掌握相关数据。为避免清单计价引起不必要的结算纠纷，建筑企业应补充相关具有时效性的数据，才能保证清单计价能够为建筑工程预结算提供有力依据。

总而言之，清单计价将是建筑工程预结算未来的发展趋势，虽然在目前看来仍处于过渡阶段，但结合定额计价，灵活应用在工程预结算中，有利于促进清单计价长久发展。

第四节　做好工程结算审核的措施建议

一、提高预结算人员的专业水平

建筑工程的预结算关系着工程项目的盈利与亏损，所以挑选好的预结算人员是至关重要的。只有在投标预算中，没有漏算、少算、错算，项目才有可能盈利。而只有在结算中，项目不漏算、少算、错算，才能计算出最终的结算价，从而计算出项目成本及收益情况。所以企业在选择预结算人员时，应当选择预结算的专业人才且要有一定的工作经验，这样才能把建筑工程施工过程中可能出现的问题尽可能考虑周全，尽可能少出现漏算、少算、错算等情况。因预结算清单、定额的不断更新，计算规则的不断变化，施工企业应不定期安排预结算人员参加培训。所以施工企业要做到与时俱进，提高预结算人员的专业水平。

建筑工程审计常见问题与对策

二、注重合同管理工作

　　建筑工程的特点决定了建筑工程合同的复杂性，一份建筑工程合同同时受到很多法律法规调整，还要受到地方政府相关文件的制约。合同应该是在不违背法律法规及相关文件约定情况下，在双方平等自愿的原则下签订的。价款结算条款是建设工程中的核心条款，发包人、承包人应当就合同条款中涉及价款的事项进行约定：如，预付工程款的数额、支付时限及抵扣方式；工程进度款的支付方式、数额及时限；发生变更时，工程价款的调整方法、索赔方式、时限及金额支付方式；工程竣工价款的结算与支付方式、数额及时限等。只有注重加强价款结算条款的约定，才能防范工程款的支付风险。此外，有关工程管理的合同条款要完整清晰、简单易懂，进而才能提高工程管理水平。

三、做好市场调查关注材料价格波动

　　做好建筑材料的市场调查也是建筑工程预结算审核的一个必要程序。项目成本有很大一部分用于建筑材料的购买。无论是发包人还是承包人，都要随时关注建筑材料价格的上涨或下降。一旦材料出现大幅度的波动就会对工程成本及收益情况造成影响。所以要随时关注市场建筑材料价格的变化，将施工期间材料价格的变化记录下来，然后计算出施工期间材料价格的平均值，进而在审核时才能指出预结算中所给出的材料价格是否准确。

四、严格审核工程成本强化审核过程

在对建筑工程项目进行预结算审核的时候要特别注重主要项目的成本审核,主要项目是整个工程项目中成本的主要走向,也是获益的主要走向。所以主要项目的成本审核是至关重要的,审核人员要仔细认真,细节也不能放过,只有这样才能提升成本审核的准确性。同时还应该实现多方面、重复式审核,在不同的领域安排特定的人手审核,如材料成本方面、人工成本方面、管理成本方面等。在这种交错混合式审核下,预结算成本审核的精度才能大幅度提高。

五、加强施工管理提高现场施工质量

建筑工程的成功与否,最终还是要看施工现场的管理,只有管理好了,工程项目的施工质量才能得以保障,才不会浪费建筑材料从而节约工程成本。工程的施工方案会提前将工程中的疑难点罗列出来,在施工现场的管理人员如何积极地调动下面的工人便成了关键。在管理人员方面首先其专业知识要过硬,能够及时应对、处理突发情况。其次,最好让管理人员的管理区域互不重叠,以防出现意见不统一而引起不必要的争吵。同样地,施工管理人员也必须不定期参加培训,提高个人的专业知识水平,从而在管理施工现场方面更上一层楼。只有施工管理人员在施工过程中加强管理,工人们的工作效率提高,工程项目的质量才能得以保障,建造出来的工程才是合格安全的。

工程的预结算工作是关系到项目收益情况的重要环节。科学地进

建筑工程审计常见问题与对策

行工程预结算的编制，则可以透过预结算看出建筑工程中存在的诸多问题。预结算人员专业水平不提高、合同条款约定不全面、没有及时做好市场建筑材料调查、施工现场管理不到位等问题，只有通过各部门的通力合作才得以解决。从而才能合理、有效地控制建筑工程造价，为施工单位创造财富。

第二章　工程预结算审计中常见问题及对策

第五节　有效提高建筑工程预结算编制质量的方法

建筑工程的预结算编制具有显著的专业性、系统性和复杂性，对预结算编制的专业要求较高，同时对相关法律政策也有较高的要求。因此，想要提升建筑工程预结算编制质量，具有较大的难度。基于此，针对建筑工程预结算编制质量进行探讨，具有显著的现实意义，尤其是对编制质量如何提升的研究，更是具有较大的研究价值和应用价值。

一、建筑工程预结算编制质量的影响因素

建筑工程预结算编制有较高的专业性和综合性要求，所以必须要对此项工作引起高度重视。然而对比现实情况，建筑工程预结算编制工作受到了诸多因素的影响，导致其最终的编制质量并不理想。基于此，本书将从预算和结算两个方面分别对其影响因素进行分析。

（一）建筑工程预算编制质量的影响因素

从建筑工程预算编制质量的影响因素来看，主要包括工程实体所发生的费用、工程的变更、施工活动所采取的技术工艺以及整个项目的工程量的计算。在实际施工活动当中，很多施工企业为了赶进度，施工图纸没有得到确定之前就开始施工，导致在后期施工中发生实际与图纸不符合的现象，进而导致工程变更，产生更多的费用，导致预算增加。另外，在施工过程中，由于施工工艺的变化，可能会临时改用更为先进的施工工艺，继而导致施工图纸的变化，预算也相应地改变。或者是工程量计算的变化，这就涉及预算人员是否对施工图纸理解正确，计算规则是否正确，一旦某个环节出错，同样会影响整个建筑工程预算编制质量。

（二）建筑工程结算编制质量的影响因素

影响建筑工程结算编制质量的因素主要有合同的履行情况、结算资料的完备性、综合单价的合理性等。其中，合同的执行情况主要是指由于合同内容不健全、内容存在歧义，或者内容缺乏真实性等而引起的经济纠纷，导致合同无法照常进行。此外，结算资料的完备性是指目前有部分企业为了能够加快施工进度，进而在资料准备不够充分的情况下开展活动，尤其是工程变更资料的完备性，如果得不到保证，将直接导致后续工程补证设计等环节增多，继而影响到结算编制的质量。最后，综合单价的合理性，是指材料、机械等单价的变动，特别是由于工程变更而导致的综合单价的变更，将影响到建筑工程结算编

第二章　工程预结算审计中常见问题及对策

制质量。

二、建筑工程预算编制质量的提高方法

（一）预算编制资料的准备

在进行建筑工程预算编制的过程中，资料的收集与准备是最基础的环节，同时也是后续编制工作开展的前提条件，即建筑工程预算编制资料的收集是否完备，准备是否充分，将直接关系到建筑工程预算编制质量的高低。因此，必须要对建筑工程预算编制资料的准备工作引起重视。具体来看，建筑工程预算编制资料至少应当包括工程地质侦察报告、地形测量图、施工设计图纸、施工图纸说明、标准图集、现场勘察结果、施工环境调查报告、施工组织设计等。通常而言，在建筑工程预算编制工作开始之前，还需要先对施工方案有一个全面的把握，同时要进行实地走访，到现场收集资料，并了解施工材料、人工、设备机械等的预算价格和数量。

（二）施工图纸及定额的把握

施工图纸以及预算定额是建筑工程预算编制工作当中最关键的两项内容，只有对施工图纸有全面的了解，才能对整个建筑工程的方向、进度、概况有一个总体的把握，进而才能为预算编制提供一个大的方向。而只有对预算定额进行事先的明确，才能明确预算编制的范围，确保预算编制的合理性。在工程总量的计算之前，首先需要熟悉预算

定额的总说明、册说明、章说明和子目附注，同时要关注定额问题解释，明确定额项目划分的范围、工程量的计算规则。基于此，才能进一步地对施工图纸有更深的了解，特别是施工总平图，能够帮助建筑工程预算编制人员了解工程的整体概况，从而做到心中有数。此外，在各类施工图纸的研讨过程中，一定要对图纸设计人员的意图和图纸所表达的意思有准确地把握，并且对已经发生的设计变更有明确的了解。如此一来，才能在较大程度上保证建筑工程预算编制的合理性和科学性。

（三）各项费用的计算和汇总

各项费用的计算汇总是建筑工程预算编制工作中最主要的内容，同时随着计算机技术、信息技术等的应用和普及，大量的数字运算得到了快速的处理和解决，建筑工程预算编制中的数据编辑和汇总的效率也得到了较大的提高。因此，在数据处理方面的问题得到解决之后，费用的计算汇总更应当得到重视和高度关注，确保原始数据的准确性和全面性，从而为后续工程费用的消耗和控制提供一个合理的标准。

三、建筑工程结算编制质量的提高方法

（一）合同质量的管理

合同管理不善是影响预结算编制质量一个重要的影响因素。通常情况下，如果建筑合同出现以下情况之一，就会对建筑工程预

第二章　工程预结算审计中常见问题及对策

结算编制质量造成不利影响，尤其是工程预算工作的开展：①合同内容不全面，导致其容易出现管理漏洞，进而极易产生经济纠纷；②合同内容存在歧义，如果合同双方由于内容歧义而产生不同的理解，则会在后期合同执行过程中产生冲突或者导致合同内容无法得到落实；③合同内容不实，即不符合建筑工程的实际情况，从而导致合同失去了经济价值和实际意义，导致建筑工程结算工作难以开展。鉴于此，为了提高建筑工程预结算编制质量，必须确保合同内容的全面性、准确性和实用性。

（二）现场签证的控制

在现场签证编制过程中，必须要有明确的认识和科学的意识，避免盲目签证编制。具体而言，需要在工作当中做到以下几点：①首先明确进行现场签证的甲方和乙方是否都在场；②现场签证的内容是否囊括在施工设计图纸的预算当中；③已囊括在预算定额中的签证的内容是否已经计入现场签证费用。除了上述所说的几个要点之外，监理、甲方和乙方还需要多进行沟通和交流，对工程的情况进行及时的了解，从而才能在进行工程预结算编制时有更大的把握。除此之外，在材料的价格以及价差调整方面，首先要明确工程材料的规格、型号、数量等，确保其符合施工图纸的要求。与此同时，要保证建筑工程的材料数量是根据定额工料分析出来的数量进行计取，而材料的预算价格也是按照规定进行计取的。最后，材料的市场价格需要根据当时的市场情况进行确定。

（三）结算人员的管理

由于建筑工程结算工作最终还是要落实到相应岗位的结算人员手上，因此，必须要加强对建筑工程结算编制人员的管理，提升结算人员的专业素质和职业素质。对于此，本书认为主要从两方面入手：①要加强对结算人员的培训，提高其专业水平。与此同时，要鼓励并支持结算人员进行自主学习，自觉提升自身的知识储备；②健全相关管理制度并将其落实到位，让结算人员能够在进行每项结算工作时都能够在制度中找到依据，从而提高结算的科学性和规范性。

（四）竣工结算资料的管理

建筑工程的竣工结算资料包括施工图纸、工程项目变更资料、竣工图纸、结算书、预算成本评估等，这些直接关系到建筑工程结算编制的质量，决定了结算编制的准确性和实用性，因此，必须要确保这些竣工结算资料的完整与准确。

（五）单价的处理和控制

在建筑工程预结算编制质量的控制当中，首先要明确影响建筑工程预结算编制质量的因素。具体到工程当中，工程量的计算是工程预结算的一项基础工作，但工作量浩大且工作烦琐，影响因素也很多，单价的决定就直接关系到预结算编制工作的开展。就目前的市场情况而言，定额计价是建筑行业常用的一种传统的计价方式，但是随着行业的发展和技术的进步，国外越来越多的企业开始认可清单计价这一方式。鉴于我国建筑企业的发展现状和接受新事物的能力,本书认为现阶段可以采取定额计价和清单计价相结合的方式进行单价处理,推动清单计价在我国建筑企业的应用。

综上所述,建筑工程预结算编制质量对整个工程建设而言,具有举足轻重的意义。因此,本书分别对建筑工程的结算编制以及预算编制进行了深入分析,并提出从预算编制资料的准备、施工图纸及定额的把握以及各项费用的计算和汇总三个方面提升建筑工程的预算编制质量,从招投标公平竞选、设计阶段的管理以及现场签证的控制三个方面提升建筑工程的结算编制质量。希望通过本书的分析能够为读者提供一定帮助,并且为我国工程预结算编制工作建言献策。

第三章 工程造价审计中存在的常见问题及对策

第三章　工程造价审计中存在的常见问题及对策

第一节　工程造价审计的内容、方法以及注意事项

作为工程审计中的重要内容，工程造价审计无论是工程的事前控制，还是事中的审计核算，抑或是事后的审计结算，根本目标就是对工程中的造价管理问题加以解决，将造价审计的功能发挥到最大，提高工程的社会和经济效益，为建筑工程的全面管理提供可以遵循的客观依据。

工程的投资是最终利益的决断要素，也是工程的经济命脉。审计工作的目标就是做好资金流向的监督工作，让资金能够发挥出最大的价值。对建筑工程的造价进行审计，要坚持工程效益第一，施工环节、施工细节、施工技术要点第一的原则，围绕工程的收益、消耗、投资的方向等进行重点审计，将估计效益和社会效益作为审计的基础工作，将资金实现最大程度的优化，对严防施工中的偷工减料、浪费现象予以监督和防范，对工程中的质量加以审核和监督，将工程中的最有利因素充分挖掘。

一、建筑工程造价审计的工作内容

（一）工程开始阶段，就是将工程的各种准备阶段的工作纳入造价审计的工作范畴，包括规划和设计阶段，方案设计阶段。项目立项设计：工程设计人员对项目的可行性报告等手续进行审查，包括对资金来源等是否符合国家法律法规规定进行审查的工作等。项目招投标设计：主要审核标书的合法性，收费的合理性，工程预算编制的完整性，清单项目定额运用的准确性，还要要求招标人做成本估算、风险识别等工作，确保招投标工作合法、合规，按照科学合理的招投标规则进行。

在工程建设中期，对工程的造价进行审计主要表现在监督领域，造价审计的重点就是要监督预算编制的质量、审计方案的执行等。保证建筑工程各个环节中的资金使用合理和高效。

在建设后期就是要将工程质量是否达标、资金的概算等情况是否符合规范，求证、检查、核对工程款项的每项收支工作。

（二）具体来说，减少审计工作中的漏项和不平衡报价等错误是建筑工程审计的关键。对工程中的所有环节加以审计，主要就是要做好工程量的清单和综合单价的复核工作。还有对于合同的履行情况进行审计，包括是否有工程中的变更、是否有不符合概算批复程序的购置情况，原材料以及设备采买的价格控制等工作是否是围绕着节约资金，降低能耗展开的，是否有工程设计中的不符合设计、签证、监督、验收等工作的违规现象，通过对项目合同、当事人的法人地位、合同内容条款等进行审查，确保合同的合法和合规；是否有贪污、挪用、拖欠工程款项的情况发生,资金是否得到很好地使用,是否有违法分包、转包,是否有固定资产挤占成本设备等的情况,造成浪费、超支等。

二、对于工程造价进行审计的方法

(一)施工管理中进行审计工作。主要包括对工程的验收、图纸的审查、技术的交底,设计变更的审查、召开工程例会,将工程的进展和资金的使用情况予以公示,提出资金使用的可行性报告,对工程中的各项资产、材料、设备等进行清点和检验。

(二)审计人员在工程造价审计中,应发挥自身的专业技能,发挥自身的作用,对工程的施工技术、环节等进行审计,技术要点是掌握工程费用的预算、结算、概算等流程,了解施工中的技术难点问题,掌握第一手的工程进度和真实的资料,包括记录审计中的数据,深入现场进行取证工作。同时严格遵守工程的审计规则,采取科学的方法完成工程审计的各项应尽的职责。例如,采用施工停审点的方法,可以在建筑建设施工过程中,对工序之间加以串联,不断采用审计的方法发挥职责功能,在上一道工序的施工和验收结束后,下一道工序又要开展的情况下,解决审计无法及时接入的问题,将审计的难点和重点集中进行化解。

三、强化工程造价审计的注意事项

(一)作为建筑工程审计人员,要结合建筑工程施工特点,坚持进行全程审计,将工作目标加以定位,然后通过咨询、建议、监督等方式,将角色的定位处理到位,审计工作人员不能对公衡管理强行干预,首先,审计工作必须在现场,对施工现场管理和建设施工环节等进行监督,保证管理工作的规范化、合理化和有序化;其次,通过向施工方咨询和对施工程序审定的方式,将相关费用的情况予以详尽的计算审核,将结果进行上报。不能对工程中不属于自己的职责范围的事情指手画脚,不能对所有的工程工作采取包办的方式大包大揽,做不属于造价审计工作范围的事情。

(二)监理、建设、施工单位等配合审计工作的要求,做好相互理解和支持,通过完善的制度为审计工作提供支撑,为造价审计工作顺利实施创造条件,同时依据法律法规制订责任制度,对责任人进行监督和制约,并争取得到各部门的配合。强化管理和促进审计环境的建设,要求审计工作人员遵守价值观和职业道德,保证审计管理能够贯穿于工程开展的全过程中,将审计业务做到公开和透明,为工程造价审计营造外部的良好环境。

(三)当前建筑造价审计的业务考核标准缺少统一的指标,加强严格的工程造价审计业务考核是未来的努力方向,解决造价审计工作无法得到高效合理利用的问题,应建立建筑工程造价审计考核标准,其主要包括以下内容:第一是改变传统的造价跟踪审计的工作思维。第二是采取措施,提高对工程款项审核的审计率,注重工程进度款的货币时间价值。第三是注重以审查减额为根据,审计实际的投入和产出效果。第四是要在工程建设中树立造价审计的权威性。

建筑工程管理水平的高低,很大程度上体现在工程造价审计工作

第三章　工程造价审计中存在的常见问题及对策

上,造价审计工作是渗透在施工的各个环节中的,发挥的作用是全过程、全方位的,因此,只有有力地执行和有效地监督,才能克服传统造价审计的难题,为保证建筑工程质量、获得最大化的经济和社会效益发挥应有的作用。

第二节　工程造价审计中存在的问题及建议

随着我国经济的快速发展，为建筑行业带来了持续发展的动力，建筑行业在我国经济中占领着重要的地位，工程造价审计是建筑工程管理中的重要组成部分。工程造价审计是具有专业性、技术性的综合性工作，是对项目工程中各个环节监督与管理的重要手段，随着我国对审计工作的重视，工程造价工作必须突破意识不强、效率较低、人才不足等困难，树立正确的审计意识，理顺流程，针对项目各个阶段重点进行监督审查，及时修正与补充，有效地控制工程成本，合理、合法地保证项目工程的竣工投入使用，提升自身管理能力，保证行业健康发展，推动我国经济进一步发展。

一、工程造价审计中存在的问题

工程造价是按照国家或行业建筑工程预算定额的编制顺序或施工先后顺序进行全项目审查。涉及范围广、审计内容复杂且工作量巨大，

第三章 工程造价审计中存在的常见问题及对策

面临着对造价审计意识不强、审计效率低、人才素质不高等困难。

（一）工程造价审计意识不强

建筑工程项目工程造价审计处于事后监督监察，为审计工作带来了难度。工程项目管理层对工程初期造价较为重视，但项目开工后就转为具体施工过程为项目重点，造价审计工作主要以补救为主，工程造价审计结果往往成为审计部门数据惩罚依据，决策管理及审计人员意识的不足，具体施工相关人员对审计漠视，且从高管到具体操作人员对工程审计的认识往往偏重于财务审计，单纯地从财务角度看待工程费用，造成审计环境下滑，影响工程造价审计具体实施。

这一问题主要需要解决的有两个方面：（1）政府所规定的施工单位收费项目和施工单位收费项目的标准有很大的不同，这使建筑工程结束时的施工费用远远超过了预算的施工费用，对工程造价造成了影响；（2）市场上销售价格在合理范围内是可能随时调动的，在购买工程所需要物品时的费用与预算的费用存在差异，导致施工单位为了个人利益，偷工减料。给建筑工程造成了很大的损失，在工程造价中都是按正常建筑所需材料计算费用，而个别工地利用这些费用购买普通材料，从中谋取利益。

（二）工程造价审计效率过低

随着我国工程项目的增多，工程造价及审计工作难点加大，而相关信息化技术的发展仍较为落后，甚至仍采用传统手工查账，面对庞大且复杂的工程项目,工程造价审计明显效率较低,且工程造价审计结构不够完善,也是造成重复或存在空白审计的主要原因,降低了审计准确程度及速度。

目前,各大建筑工程对于造价审计并不十分重视,导致造价审计工作难以发挥其重要的作用,这是一项不可缺失的项目。这使建筑工程在安全的前提下,可以节省很多成本,避免不必要的浪费。缺乏对工程造价审计的重视是所有工程的"通病",往往因为不重视造价审计而浪费很多不该耗费的费用,所以,建议工程应当对造价审计予以重视,让工程造价审计在整个工程中充分发挥其价值。不要使造价审计在实际工程中起不到相应的作用。

(三)工程造价审计人员素质不高

作为工程造价审计的人员,必须具有工程相关知识及审计能力,而审计作为专业性较强的岗位,同时达到多种要求的人才不足,复合型人才较为缺乏。在实际工程造价审计过程中,审计队伍整体能力及素质不高,对工程项目整体把握不足,对审计涉及环节重点拿捏不准确,人员责任心及细致性不够,审计质量及准确程度有待商榷,影响最终审计效果,为工程造价审计带来风险。

作为建筑工程施工中不可缺少的一部分——造价审计工作,其中不乏对待工作态度不认真的造价审计人员。他们作为工程造价的整个主体,造价审计人员整体素质在审计过程中是十分重要的。造价审计工作人员专业技术水平并不及格,他们到达一定工作地位以后,可能

第三章 工程造价审计中存在的常见问题及对策

停滞不前,不思进取,从而被后人超越,"人如逆水行舟,不进则退",就是这个道理,时代在发展,造价审计工作者更应该随着时代的变迁,提升自己的工作素养、追求更好的自己。审计工作人员应当以工程建设实际发展为前提,不断使自己的专业知识更加完善。造价工作人员的道德素质较低,导致审计工作直接受到影响,为了谋取自己的利益,做出违反道德素养和工作要求的事情。破坏了整个建筑工程所有人的劳动成果,损坏了单位的经济利益。自私自利,只考虑自己的利益,没考虑整个工程工作人员的安危与劳动成果,这种道德低下的造价工程师是不可录取的。因为部分造价审计工作人员的专业水平与整体素质还不够满足工程造价审计工作的要求,所以导致造价审计工作效率并没有预想中顺利。

二、工程造价审计的建议分析

工程造价审计是工程项目合理、合法的重要保障。建筑工程项目在决策阶段、设计阶段、施工阶段、竣工阶段中财务活动有所不同,工程造价审计也应具有不同重点。树立正确的工程造价审计意识,强化监督功能,提高人才及审计技术水平,发挥造价审计的价值,提升工程造价管理水平,从源头上对建设工程进行规范,协调各部门管理,促进建设工程项目有序进行。

(一)树立工程造价审计意识

我国建筑行业发展历程较为曲折,建筑工程项目以设计、施工、竣工为管理重点，工程造价审计意识不强，甚至在部分管理层中也是如此。提升工程造价审计，必须树立正确的审计理念。建筑工程项目与其他行业不同，涉及投资较大，建设过程时间长且复杂，在完成项目的同时，也要追求经济效益，同时还要以保障国家经济建设需要为重点。在工程造价审计过程中，必须依照我国相关建筑工程法律法规严格执行，加强项目各阶段审计管理意识，公平对待各方利益，重视工程造价目标的完成，细化审计管理流程，提升项目管理水平，提升工程项目经济效益。

（二）强化工程环节造价审计监管

审计是工程造价的重要保障，强化工程环节审计监管工作职责，是保障项目工程完成既定目标的重要手段。工程造价是为工程设计、工程质量、工程进度的宏观控制，针对决策阶段、设计阶段、施工阶段、竣工阶段不同特点加强各环节监管力度，其中施工阶段的工程造价是审计的重点。施工阶段涉及具体材料、人工、设备等多方面，范围广、内容复杂，逐一进行审计，为项目工程的健康运行保驾护航。工程造价审计是修正与补充各环节造价中不足的重要监管手段，面对多样性的工程造价问题，公平且灵活处理，强化监管职能，协调各部门及各环节工作。

（三）提升工程造价审计技术

重视提升工程造价审计技术水平，保障工程项目预期目标的完成。

第三章 工程造价审计中存在的常见问题及对策

由于建设工程项目投资较大，工期较长，施工复杂，工程造价审计工作不能保持一成不变状态，审计人员必须秉承公正、灵活的态度，提升审计技术及方法，站在全局考虑，科学地选用全面审查、抽样审查、分组审查等工程造价审计方法，积极利用信息化手段，提高审计效率。

（四）提升工程造价审计人员素质

工程造价审计工作需要高素质的人才队伍保障。在人才引进过程中，重视引入具有工程及审计专业知识的人才，充实到审计岗位上。重视审计人才队伍的培养，拓宽用人渠道，多方筛选、培养具有工程建筑专业知识的技术人员，选拔、任用用以充实审计人才队伍。重视工程造价审计队伍整体素质的提升，贯彻相关法律法规知识，多利用各类培训、教育提升从业人员的审计技能，保障人才队伍的有序建设。

综上所述，随着我国建筑行业的发展，工程造价审计水平有明显提升，但仍需端正审计思想意识，敢于面对项目实际实施过程中管理的难点、热点问题，理顺工程造价管理流程，提升审计整体技术水平，快速适应建筑工程发展的需要，保障工程项目财务健康有序运行，夯实审计人才队伍，提升专业技能水平，提高工程项目的完成进度，以推动我国经济的发展。

建筑工程审计常见问题与对策

第三节 建筑工程造价审计和决算资料管理

随着我国经济的腾飞，对一些基础设施等的建设也越来越多。因此随着许多工程的进行，工程结算也变得越来越重要。尤其是一些超级工程的工程结算显得格外需要慎重。工程结算一般是施工单位在承包工程后按照合同全部内容完成了所承包的工程，并经发包方及有关质检部门验收工程质量合格后，发包方根据合同的有关规定进行最后的工程款结算。建筑工程造价审计是指造价咨询机构以发包方和承包方提供的工程竣工资料为依据和基础，对承包方提供的工程造价真实性及合法性进行全面的审查和核实，并最终提出合理的工程结算款，是审计工程造价的重要手段。由于工程建设规模大、工期长、受实际情况影响等因素，在施工过程中会遇到未知的问题和困难，所以造成了工程造价的不确定性，这给工程造价结算带来了挑战。由于我国法律法规对该方面的制订还不完善，管理水平较低，这对工程造价审计和决算资料管理来说更是雪上加霜。

第三章 工程造价审计中存在的常见问题及对策

一、工程造价审计和决算资料存在的问题

（一）审计工作的延后性

我国审计工作一般在工程竣工之后开展，由于一般工程从开展到结束的周期都比较长，有些大型工程的周期可以达到10年左右，这就造成之前工程中的问题没有及时被发现和纠正，而审计工作又在竣工之后，一些决算资料无法妥善管理，从而可能会给企业和社会造成危害。

（二）合同使用不规范

合同应该是双方共同意愿的体现，并且签订后就具有法律效应，所以要谨慎对待，但是在我国很多工程建设过程中，招投标文件和双方签订的合同在很多内容上不相符。如关于工程款结算的约定不一致等，这些都扰乱了公平公正的竞争环境，增加了工程造价，质量难以得到保证，严重的甚至可以滋生腐败。

（三）现场签证缺乏合理性和规范性

建筑工程在实施时，由于某些实质因素的存在，往往会导致施工内容和施工时间的变化，这就会导致施工变更，于是就需要现场签证，但是现场签证往往会缺乏规范性和合理性，如现场签证需要多方签字，签证内容不全，或只是对价格进行签证而忽略了工程量等。

二、决算资料的管理

（一）施工合同、招标文件管理

签订合同需要注意合同内容要同时有范围、计价方式、特殊条款的约定，这些都非常地重要。

对于工程造价审计时要注意合同所包括的施工范围是施工设计图纸的全部内容还是部分内容，审计时应严格按照所签订合同的相关内容和规定执行，对工程质量和完成度进行合法、合理的评估，从而相应进行增扣款处理。

合同计价方式要注意，是采用工程量清单再计价还是定额定价。这两种计价方式有很大区别，因此需要完全区分开来。自工程量清单计价方式在工程结算时得到大家普遍采用推广之日起，至今经过了很长时间，一些早期在工程结算时实行工程量清单计价的项目或许已经完成结算，因此这种结算模式也已经得到很好的实践和应用。这种模式与以往传统的定额定价结算方式有很大不同，因此大家需要注意。传统的定额计价模式是指工程结款按照约定省市相关的定额、信息价及取费的标准计价，整体下浮一定的比例。而工程量清单计价采用固定的单价模式，合同的内容明确规定了项目单价所包含的风险范围，对于一个后期新增的工程项目，在原投标项目假如有类似或相同的项目，则此时该工程结算款按以往的单价处理，如果没有类似项目作为参照则需要造价咨询机构按照实际工程量和工程完成度拟定一个单价，

第三章 工程造价审计中存在的常见问题及对策

并按照投标旧工程时的优惠政策和规定同比例优惠,假如这样设定的话定额计价就表现为单价下浮。

合同要注意特殊条款的相关规定和内容,一个工程在实际开工实行中会遇到各种各样、五花八门的问题,同时也会有很多细节需要负责人注意,因此,在签订合同时要注意尽量将内容细节化,同时也应注意对一些特殊问题的规定和处理同样要明确化,这些才会减少因合同内容和合同规定上的缺漏,导致后期审计困难,延误工程进度,给企业和社会带来不利影响,给人们生活带来不便。因此,一些特殊条款的硬性规定和仔细考量,往往在审计工程中起到意想不到但至关重要的作用。

(二)前期要审核材料市场售价

要搞好市场前期调研,同时对建设工程过程各种必需材料有一定的了解,这在审计时可以很大程度上帮助到你对工程款项的评估。大多数施工合同对材料价格约定是材料价格执行省市某期价格信息建设工程结算中所用到的材料价格和安装主材价格。对于一些装修材料由于受到品牌、材质等不同因素的影响,使合同无法给出确切的价格,这一类材料的处理方法一般由施工方提供有力的资料证明,建设方进行审计,然后根据市场价格结合幅度因素,从而进行大致敲定。

(三)对施工现场进行实地勘测,仔细推敲

建设工程在实际施工过程中,由于受到现实因素和人为因素影响

和制约，往往工期和工程完成度会发生一些变更，可能导致实际建成的和图纸上显示预期的不相符或者相矛盾，从而在工程建设过程中会产生一些签证单，而这些签证单是工程结算审计的重要资料和影响因素。因此加强对这些签证单的审计管理，应用科学合理的审计方法，深入实际调查审核工程内容，可以达到有效控制工程造价的目的，提升审计质量。在对签证单的审计过程中应持有客观整体的态度，对这些签证单进行全面深究。

（四）及时掌握第一手资料

随着科技的发展和进步，一些建设新材料投入使用，而这些材料往往没有价格可以进行比对，一些工艺也没有得到实际检验，因此需要我们进行实地勘测检验，自己深入一线测算人工、材料、机械的用量。收集新工艺的基本资料和新材料的基本数据。这些在后期审计过程中可作为标本来进行预算审计，近年来引进了跟踪审计，对于施工中的情况有了更深入的了解。到工程结算时，能够大大增加结算审计速度，优化审计过程，提高审计质量。

（五）工程施工前收集、整理资料

在工程开工前就应对工程施工图纸、图纸会审、施工组织设计、地质勘测资料等进行管理。施工组织设计是指拟建工程施工全过程各项活动的技术所在，是经济、技术、和组织性的综合文件，在审计过程中起到举足轻重的作用，因此需要对此类文件进行系统的保管。

第三章 工程造价审计中存在的常见问题及对策

决算资料的保存同样是一个至关重要的环节，由于决算资料的重要性，因此需要保证决算资料的绝对完整性，正确性，安全性，所以就要建立一套健全的保管制度，让决算资料处于绝对安全的环境当中。同时要需要注意保存的地方本身存在的自然因素，如潮湿、曝晒等，这些自然因素很可能直接导致决算资料非人为损坏，严重的可能直接完全损毁，因此需要做好存储地防火、防虫、防潮等措施。同时也要注意人为损毁，对决算资料调用要严格进行监管，落实监管措施，如实名调用，同时应由专人负责决算资料的管理，负责对决算资料完整性进行严谨的审查，防止人为破坏。同时要注意决算资料的安全性，因此加强决算资料储存地的安保措施，防止失窃事件的发生尤为重要。

切实确保工程造价审计的质量，就必须严格执行和遵守整个审计过程中的一系列规则和步骤，审计人员本身除了需要过硬的专业技能和超乎常人的耐心外，还要具备较高的道德意识，同时有较强的责任意识，对工程造价审计力求公正、公开、合理，依法办事，中规中矩，不徇私舞弊，维护工程建设各方利益。只有这样，工程造价审计和决算资料管理才能取得预期效果。

第四节　信息化背景下工程造价审计策略

在信息技术全面推广和应用的大环境下,建筑工程对于信息化的应用正在不断提升,是我国建筑行业长远发展的必然趋势,有利于促进我国建筑航业更好更快发展。工程造价贯穿于整个建设工程,是对工程完成全过程的成本预计,而为了保障工程造价能够符合要求,需要对其进行审计。为了更好地开展工程审计工作,应不断优化信息化背景下工程造价审计的策略,最大程度地发挥信息化技术的价值。

一、信息化背景下工程造价审计的现状

由于信息化技术在工程管理方面还处于初级阶段,并不成熟,信息化背景下工程造价审计工作仍然存在诸多问题,下面是对一些现状的阐述:

第三章　工程造价审计中存在的常见问题及对策

（一）审计管理结构较混乱

信息化背景下审计管理结构混乱复杂是目前我国工程造价审计中存在的一个问题。管理的机构过多，且机构的职责安排不清晰。此类现象的产生由多种因素组成，其中主要的是管理部门的设置跟不上市场经济的高速发展。

（二）信息化专业人才稀缺

就目前来看，信息化专业人才太过稀少。多数审计人员缺乏意识，对于被审计单位提供的材料和信息仅仅凭借经验进行估计审核，没有采取信息化的手段评估项目可能存在风险。另外，建筑工程管理方面的信息化专业人才通常从学校刚毕业，没有较多的实践经验，无法将信息化完全利用在工程造价审计上，使信息化技术大打折扣。

（三）信息化体制不够完善

虽然随着社会技术的不断发展，信息化技术已经开始广泛应用，但由于建筑工程管理的信息化发展起步较晚，其信息化体制不够健全，各种管理体制的实效性较低，在工程造价审计方面对信息化技术的利用率也不高，阻碍了建筑行业的进一步发展，从而影响了工程造价审计中的信息化水平的提高。

二、信息化对于工程造价审计的影响

信息化背景下的工程造价审计拥有了许多不一样的改变，下面是信息化对于工程造价审计影响的分析：

（一）信息化影响审计的素材

审计的素材收集必须具有较高的准确度、及时性和真实性才能保证工程造价符合实际情况，能够通过审核。如果审计的材料收集的不够及时和有效，将极大地影响审计人员的工作，降低工程造价审计的通过率。但在当前信息化背景下，审计人员不再需要进行大批量的核实纸质版的审计素材，而是通过工程管理系统对已经进行分析和处理的信息化数据进行审计，大大提高了审计的效率，也降低了对审计素材进行判断和审核的难度。

（二）信息化影响审计的模式

随着工程管理的不断发展和深化，工程造价审计的内容也不断增多，要对工程量、费用和单价信息等大量的数据进行审计，信息化背景下的造价工程审计的工作模式大大弥补了传统审计模式的不足。它以计算机工作系统为主的网络计算设备和审计软件应用于审计工作当中，对大量的数据和素材进行高效的统计处理。不仅如此，还能通过信息网络监控对审计过程进行实时监督。

三、信息化背景下工程造价审计的策略

如何不断优化完善信息化背景下工程造价审计的内容，是目前的一大重点，下面提出了一些策略，希望对工程造价审计有所帮助：

第三章　工程造价审计中存在的常见问题及对策

（一）加强对被审计单位全过程的质量管理

虽然信息化的快速发展，工程管理的体系也不应发生混乱。要合理安排好各部门之间的职责，避免出现职责重复或缺失的情况。保证质量第一作为工程审计中的一大原则，要不断在经验中累计经验，对被审核单位的每个阶段进行划分，细化每个环节的造价，并加强对被审计单位各部分的质量管理，可以通过实行抽样管理的模式，使造价符合实际，对工程造价进行严格控制，保证建设工程的施工质量。

（二）提高信息化专业审计人员的整体素质

就目前审计人员素质不高的情况，工程企业应注重对信息化专业审计人员的培养和提高。审计人员作为工程造价审计中不可缺少的一部分，需要严格把控其整体素质。造价或审计管理部门在招聘时指出，必须按照相关标准进行审核，对那些刚入社会的信息化人才，要加大培养和投入力度，使他们能把学到的理论知识与实际结合，不断增强实践能力，累计实践经验。信息化专业审计人员的素质提高，将对审计效率的提高、审计内容的完善都起到不可磨灭的作用。

（三）完善信息化背景下工程造价审计制度

信息化技术作为刚引入工程管理不久的一门技术，需要重视对其的不断完善。在实践过程中，建筑企业应根据自身的信息化特点，制订与自身相适应的工程造价审计制度，保证审计工作真实可靠、完整科学。例如，可以引入自检和互检创新审计管理工作模式，并对其充分利用，从不同方面提高工程造价审计管理制度的效率，并提高建筑工程管理的信息化水平。

（四）建立并优化建筑工程管理信息化平台

建筑工程管理涉及多方面的知识信息，要求相关部门能做到互通有无，保持良好的沟通和交流，才能提高审计的效率和质量。因此，在建立建筑工程管理信息化平台的基础上，要不断充实丰富平台上的内容，实现建筑工程管理的信息交互化。不仅如此，信息化平台还能起到监督管理的作用，降低风险，使建筑造价审核更加公平与透明。

总之，当前信息化技术已经渗透到各行各业，建筑产业应当紧跟时代变化的步伐，处理好信息化技术与工程造价审核之间的关系。在信息化背景下，工程造价仍存在审计管理结构较混乱、信息化专业人才稀缺和信息化体制不够完善等问题，希望通过加强对被审计单位全过程的质量管理、提高信息化专业审计人员的整体素质、完善信息化背景下工程造价审计制度等策略，将信息化技术更好地运用于工程造价审计，使其发挥最大的作用。

第三章　工程造价审计中存在的常见问题及对策

第五节　工程施工阶段工程造价跟踪审计常见问题及措施

施工阶段是建筑工程项目整个实施过程中最重要的阶段，由于该阶段持续时间最长，资金投入最多，因此，也最易暴露出问题。同时，此阶段还有合同数量大、存在较多的支付关系等特点，建设单位为了保证工程项目总体质量，以及资金的利用效率，越来越多的工程建设单位在施工阶段实行了跟踪审计策略。

一、施工阶段工程造价跟踪审计的主要内容

施工阶段跟踪审计工作主要从以下两个方面进行：第一，按照合同规定，在施工阶段对工程建设进度和结算进度进行总结和跟进，以便在较长的工期内对建设过程中工程价款的支付提供支付依据，保证工程正常顺利进行；第二，做好工程施工中出现的设计变更及变更签证的审核，并对这种变更进行造价分析，避免变更对工程造价的影响。总体来说，施工阶段的跟踪审计就是对合同双方实际履约行为的记录，

并在施工过程中进行动态纠偏,正确地处理工程质量、进度和造价的关系,做好工程量的计算和结算工作。

二、施工阶段的跟踪审计常见问题及解决措施

(一)现场签证

现场签证是指在施工过程中,由发包人、监理工程师和施工单位代表根据现场实际发生的某些特殊情况联合签署的进行测定、描述的一种书面手续,即达成的补充协议,具有鲜明的契约特点,是施工变更、索赔的主要证据。现场签证在施工中并不少见,其不仅是全过程跟踪审计的关键环节,也是建设单位关注的重点,但在实践中,承、发包双方有时并未按照相关程序操作,导致后续问题的发生。如在现场的签证中未能做到合同多方的共同签字,或是事隔多日才补办签证甚至事后也未做出明确的多方补签,导致现场签证内容与实际不符,易引起承、发包双方的纠纷;其次,还存在着签证的内容不够全面、准确的问题,如对于零星工程只签总价不签具体事实发生,或是对于无法计算工程量的项目不签价格直接签费用,或是签证中工程量计量不准确等现象,都有可能导致工程造价资金隐患问题的出现;最后,施工单位利用审计人员对业务不熟的侥幸心理,在办理工程签证时采取重复计算、多次计价的情况,造成签证不真实,导致结算金额增高。

虽然现场签证都是由监理工程师来完成,但监理人员在工程造价方面的知识有所欠缺,其工作重点也更偏向于质量控制。因此,跟踪

第三章　工程造价审计中存在的常见问题及对策

审计人员应对现场签证的真实性、规范性、合理性、准确性进行审核，包括对签证中的工程量特别是隐蔽工程的工程量进行丈量核实、对材料价格予以确认。另外，补充项目的审计人员应先对补充项目进行测算后再与签证的单方造价或总价进行对比确认，并对签证工程单价是否与合同中计价规则一致进行确认，同时，还应对工程变更的合理性进行审核。

（二）材料价格

对任何一个建设工程而言，材料费在其成本结构中占到了60%以上，所以，控制材料费成了控制工程造价的关键环节。但在实际工作中，由于材料品种多、规格型号繁杂，并且还存在市场价格不稳定的情况，若对建筑材料管理重视不够，易导致大量建设资金的流失。因此，加大对材料价格和质量的跟踪审计力度显得尤为重要，应做到：①重点检查提供材料、设备价格是否符合市场情况，规格、型号、数量与合同要求是否一致；②根据工程的实际需要，应及时对新工艺所用的人工、材料、机械的实际消耗量进行测定、计量，并编制补充施工项目单价；③采用比价、询价、核对等方法对材料以及设备的市场价格进行调研，掌握施工材料的市场价格变化，将其变化情况作为影响因素进行造价跟踪分析，以保证跟踪审计分析结论的合理性；④关注工程变更签证材料及设备的价格情况，对专业性较强的特殊材料价格，可通过聘请专家协助定价。审计人员应对建筑工程情况有充分的了解，并能够掌握建筑材料市场价格变动的一手信息，以保证跟踪审计分析的结论有一定的说服力及合理性。

（三）隐蔽工程

隐蔽工程是指完工后被其他建筑物所覆盖遮掩的、无法直接看到的工程，包括土石方工程、基础工程、主体工程中的钢筋混凝土工程、预埋工程、屋面工程、装饰工程等。由于隐蔽工程往往是整个工程的基础，而在隐蔽工程中又易出现以次充好、偷工减料、虚报工程量等影响工程质量、造价的问题。另外，当发现出现清单范围以外的工程量时，还应判断该工程量是变更、签证出现的还是清单中的错项漏项，要及时采取措施处理。因此，在工程施工阶段，要求跟踪审计人员经常到施工现场进行勘察，对隐蔽工程的现场进行监督与鉴证，填写跟踪审核日志，并用相机拍下第一手资料，并保证所有的原始资料包括书面记录及影像记录全部保留完整，以便为日后竣工结算提供依据。

（四）工程造价审计风险高

工程造价工作存在的风险问题包括三个方面：第一，人员素质问题，工程造价审计的基础源于对建设工程设计图、设计规范、施工技术、施工工艺的理解与掌握，如果审计人员对相关知识掌握不到位，就会对建设工程的审计工作带来潜在的技术缺陷，如果还存在计量、计价方面的知识欠缺，就会产生工程量计算不准确、计价不到位的情况。第二，工程造价审计客体比较复杂，工程造价审计客体是指项目造价形成过程中的经济活动及相关资料，外延上是指建设单位、设计单位、

第三章　工程造价审计中存在的常见问题及对策

施工单位、金融机构、监理单位以及参与项目建设与管理的所有部门或单位，不论哪个客体出问题都有可能给工程造价审计带来风险，如承包商偷工减料、监理力度不够、设计图纸没达到国家标准、材料和设备供应商提供的物品不能满足合同或是施工要求等。第三，当上述情况可能出现或是已经出现时，审计人员没有加以重视或进行改正，并使用了不适当的审计方法或是给出了与实际不对应的审计结果，然后被利害关系人所指控，严重的可能还会承担一定的法律责任。因此，为了有效地控制、防范和化解审计风险，应提高审计人员的综合素质，加强自身职业道德和业务学习，强化工程造价审计风险意识，对于客体可能带来的审计风险，审计人员应勤下施工现场并做好监督工作，做到问题的及时发现、及时解决。

尽管施工阶段工程造价跟踪审计很重要，但是也需要建立在前期英明的投资决策、合理的工程设计、规范的施工监理等基础之上，倘若可行性研究报告出现偏差，决策文件不符合科学性和合理性；或是设计图纸有错、漏、缺的现象，便会导致施工阶段变更过多或投资超额的情况出现，因此，应将跟踪审计扩展到建设工程项目的全过程中，包括决策阶段的审计、勘察设计的审计、招投标的审计、合同审计、施工阶段审计以及竣工审计，以求在各个建设项目中能够合理地使用人力、物力、财力，最终实现竣工后的成本控制在审定的预算额度内。

第四章 建筑工程竣工结算问题与优化对策

第四章　建筑工程竣工结算问题与优化对策

第一节　建筑工程竣工结算的常见纠纷及防范对策

建筑工程是一种特殊的商品，完成合同约定内容，质量上达到设计文件要求，才能进行竣工结算。建筑工程竣工结算是一项技术性强、涉及面广、复杂的经济工作，加之行业本身的高风险属性，受自然和社会环境影响也较大，极容易产生纠纷。因此，研究防范对策，对于及时、合理、规范地完成竣工结算，将投资控制在准确合理的额度范围之内，客观地反映工程预期的投资效益具有重要意义。

一、建筑工程竣工结算常见纠纷

（一）关于组价套用的问题

结算时在定额套用方面存在高估、冒算、乱套、错套等现象，脱离实际，不能正确把握定额的运用原则。没有施工现场真实原始记录，如影像资料或现场签证等凭证，就随意调整，表现为不该换算的进行换算，应该调整的没有调整，导致造价明显偏高。

（二）关于人才调动的问题

由于工程建设具有周期性，人才的市场价格具有波动性，而主管部门发布的价格指导文件要么相对滞后，要么发布消息的平台影响力不大，导致发承包双方不一定在适当的时候及时获取信息，从而使人才调动不明确，补充依据又有一定的困难。

（三）关于复核工程量的问题

承包人追求利益的最大化，趁结算之机虚报工程量现象普遍，导致结算审核工作量大。发包人依据竣工图纸、设计变更通知单、有效的现场签证及相关计算规则复核工程量，此阶段围绕工程量的确认，发承包双方对于依据文件的有效性和说服力往往各持己见。

（四）关于清单描述不详的问题

清单项目特征描述的准确性是确定一个清单项目综合单价不可缺少的重要依据，也为准确履行合同打下基础。而发承包双方往往因为尺寸、材质、做法、规格、位置等描述不详，影响了施工正常实施，也诱发了不必要的纠纷。

（五）关于变更签证效力的问题

由于施工环节的不可预见性，实施过程中遇到的各种变更和现场签证在所难免。但是先变更后补签、变更通知单及签证描述欠规范或

第四章 建筑工程竣工结算问题与优化对策

表述不清、盲目签证、现场签证程序不规范不严谨,从而导致结算时对变更签证的效力产生质疑。

(六) 关于合同约定不详的问题

合同是发承包双方以完成约定的建筑工程实体为目标,明确规定各方权、责、利的协议。但条款约定不规范或存在缺口,对较重要的内容约定深度不够或用词不严谨,都容易在工程结算时造成无据可依,引发不必要的争议。

(七) 关于诚信道德缺失的问题

诚信道德缺失这样一个亟待改善的重大社会问题,在建筑工程领域显得尤为突出。以发包人的强势在订立合同之初就蓄意算计,以拖欠方式逼施工单位退让;或者,有些承包人也会借着工程结算之机,采取各种方式向发包人索要不合理或牵强附会的增加项目。

二、建筑工程竣工结算常见纠纷的原因分析

(一) 客观原因

招投标市场不完善。任何工程都必须是在法定的建设工程交易市场进行招投标,才合法有效。发包人选择承包人的权利会交给建设工程交易市场,招标公告一经发出,任何具备报名条件的投标人都可以报名参加投标。一些投标人串通一气违规围标、串标等现象时有发生。

合同管理不严密。科学与规范的合同是施工企业良性市场竞争的

基石。施工合同是发承包双方之间约定权利和义务的文件,需要承袭以往类似合同的经验,一经签订就会产生法律效力。现实中的工程快速上马,加之对合同管理重视不够,合同会签制度不能落到实处。

结算期限逾期时有发生。按合同规定,发包人收到竣工结算书后,在约定期限内如果不予回复,视为认可竣工结算书。合同对答复期限没有约定的,可认为约定期限是28天。竣工结算书须签字、签章齐全以最终生效。

(二)主观原因

对设计图纸领悟不透。对施工工艺不了解造成遗漏,理解图纸表达意图可能会存在偏差。关于对影响工程价款的风险范围,发承包双方认定不一,风险费用隐含在已标价工程量清单中,是用于化解合同约定内容和范围内的一定的市场波动风险的费用。

开工准备不充分。现在的三通一平等,习惯上都是由发包人负责完成。而现实情况往往是发包人现场划个圈,口头表述一下要完成哪些工作内容,发生的施工费用也口头承诺竣工时一并结算;承包人为了能尽早开工,一力承担。结算时发包方和承包方各持己见,互不认账。

施工监管不严格。建筑工程在施工过程中会不可避免地要发生一些或大或小的设计变更、现场签证,若手续不齐全、程序不合法、签字不及时,结算时缺乏充分证据,待工程竣工结算时再补充,容易引起意见分歧。

第四章 建筑工程竣工结算问题与优化对策

三、竣工结算常见纠纷的防范措施研究

通过对上述存在问题及原因的分析，结合实践，重点应围绕加强招投标管理、合同管理、施工管理、变更签证管理、收尾管理、竣工资料管理、遵守结算原则、合同后评价、业务学习等方面研究提出相应防范措施，以期增加结算的可预控性，牢牢掌握结算的主动权与话语权，减少竣工结算常见纠纷。

（一）加强招标前期准备，严肃对待评标定标过程

加强对项目前期工作力度，认真审核图纸、校对清单，做好开标前踏勘现场等准备工作，确保招标文件的准确性和完整性，减少招投标的漏洞。一是严肃对待评标定标过程，严格遵守"公开、公平、公正"的招投标原则，严格考察投标人，认真对投标人综合实力等进行考察，做好资格预审工作。二是严格落实清单预算控制价评审制度，为评标定标提供衡量杠杆，应将对控制价的评审作为招投标准备工作的重要一环。三是在评标、定标过程时，创造公平投标环境，对技术方案和投标报价做好认真客观的评审。

（二）加强施工合同管理，严格执行合同条款约定

应详尽地对合同中涉及工程结算的事项做出清楚、明了的约定，主要是：发生变更时价款的调整方法、结算方式、不可抗力、索赔方式、超出约定范围和幅度的调整办法、履约担保事项。在签订施工合同前，

发承包双方应对重要条款认真斟酌，反复推敲，尽最大可能约定齐全、表达严谨、具体完整、措辞严密，明确发承包双方权责利，使之成为真正约束各方行为的经济文件，确保以此来达到履行合同的目的。加强合同交底和合同履行中的监管，秉持约定在先的态度及时处理争议。

（三）加强施工技术管理，沟通协调抓好工程收尾

加强施工技术管理，制订合理的时间表，有序稳妥地推动各项工作的进度，避免赶工期带来诸多的不确定性，避免引发更多的争议。竣工验收是进入结算的前提，是质量和工期如约达标的标志之一。对发包人来讲，越到工程收尾阶段抓得越紧，在此期间会产生一些费用。一般来讲，最后工序要选配技术好、责任心强的人员负责工程收尾，属于合同范围的，要不折不扣完成；属于合同范围以外的，要及时合理签证，待工程竣工结算时提供认定依据。

（四）加强现场签证管理，严格规范签证认定程序

进一步树立签证就会涉及工程费用的思想，对签证如何进行、签证的范围、参加人员资格、组织程序、效力等都应当在合同中加以明确。严格签证认定程序，签证内容要具体明确，符合法定及约定程序，确保签证的真实性和准确性。完善签证工作，固定结算证据。对隐蔽工程应及时进行签证，尽量具体化，在签证前做好签证项目费用的评估。如若签证未能成行，应当通过备忘录、会议纪要、往来函件、补充协议等文字形式及影像资料等予以明确。事后补签，签证内容表述不详细，

第四章　建筑工程竣工结算问题与优化对策

特征描述不准确,签证时间不具体,都可能产生结算纠纷。

(五)整理归档竣工资料,及时做好结算送审定审

承包人完成合同约定的工程内容后,应在约定时间内及时向发包人提交完整的竣工资料,跟进做好竣工资料的整理、移交及归档工作。发承包双方要妥善保管全部的施工技术资料、往来函件、会议纪要等有关书面资料。承包人应在约定的期限内及时提交完整的竣工结算文件。送审结算报告时载明日期和总造价金额的报告移交发包人,同时及时加强沟通,跟踪做好校对与审核,这对于减少和防范竣工结算纠纷时限纠纷极为重要。

(六)妥善处理结算纠纷,严格遵守各项结算原则

针对结算常见纠纷,妥善处理结算纠纷,应把握遵循以下原则。一是坚持合同条款。体现合同的严肃性,对于认定双方争议项目具有重要意义。二是重事实、讲证据。个别事项不可能在合同中完全预先约定且清楚完整,这就要求在结算时必须重事实、讲证据,结算时各方要深入现场,认真调查核实。事实和证据包括:补充协议、往来函件、设计变更、现场签证、隐蔽或关键重要部位的影像资料等。三是秉持公开、公正、客观。做到调查取证公开、公正,以理服人。四是注重事前控制。强化事前控制的重要性,规范地填写施工日志,做好签证记录、整理影像资料等,全面而准确地反映施工事实。

（七）加强造价跟踪控制，重视合同后评价完善机制

通过推进造价跟踪控制，深入施工现场掌握实际情况，通过现代影像手段真实记录施工现场真实情况，尤其是隐蔽、重大、易引起争议项目，对于日后竣工结算时存真去伪、公平合理、认定事实具有重要作用，也是减少建设工程结算纠纷的关键。对合同履行过程中出现的争议进行梳理、分析，查找导致纠纷争议的症结，有针对性地分析原因。在一个合同履行完毕后，及时对合同进行后评价，及时做好优劣缺失分析，总结经验与教训，持续完善今后的合同条款，减少不确定性和模糊性。为今后的合同条款制订提供参考，形成不断完善施工合同的循环机制，使施工合同的制订能与时俱进，越来越健全完善。

（八）加强造价知识学习，提升处理结算纠纷技能

应熟悉掌握工程造价知识，以便结算时找准切入点，提高效率。发包人可根据材料的使用情况分期分批做好价格调查，掌握市场实时行情，签证时应明确材料的规格、型号、品名、价格及数量等，规范经济行为，合理控制工程造价。材料消耗量应根据定额规定计算；材料价差应依照定额用量、单价和实际单价计算分析，既不能遗漏，也不能重复计算。结算审核工作仅仅依据竣工资料是不全面的，为提高竣工结算的效率，应从结算的深度入手，深入施工现场，了解隐蔽工程的真相、了解设计变更，掌握施工现场实际情况，加大施工过程的跟踪力度，更好地处理结算纠纷。

建筑工程竣工结算是发承包双方共同履行施工合同的最后一步，

第四章 建筑工程竣工结算问题与优化对策

是确定建筑工程最终造价的关键工作,也是发包人办理竣工财务决算及新增固定资产的必备依据。建筑工程涉及的专业技术性很强,不同于一般商品,这就要求我们工程管理人员除了熟悉相关法规政策外,还需要不断学习专业知识,不断积累丰富经验,结合建筑工程自身特点扎实地开展工程结算工作,使得竣工结算全面、真实、客观。逐步完善建筑工程管理的重点环节,避免纠纷,研究更为周全的防范对策,对于维护各方利益、稳定建筑行业市场秩序具有重要的意义,是我们今后不断努力的方向。

建筑工程审计常见问题与对策

第二节 工程量清单计价模式下工程竣工结算审核中常见问题及应对方法

2003年7月1日,我国开始正式实施《建设工程工程量清单计价规范》(GB50500-2003)(以下简称清单规范)。实施工程量清单计价,改变了过去以"量、价、费"定额为主导,以社会平均水平为基础的粗放式的管理模式,进入了以工程量固定,价格竞争为主导,以充分体现个体差异为基础的竞争化的管理模式。工程量清单计价模式下,建设方与承包方就清单工程量和清单综合单价分别承担相应的风险,也改变了定额计价模式下风险分担不明确的问题。随着这一工程计价方式的改革,其工程竣工结算也相应发生了变化。工程量清单计价模式在中国实施的十年间,其计价规范也经历了两次重大的改版,直至最新的2013年版,较之前责任划分更加明晰,专业划分更加精细,可操作性更强。本书将以2013年版新清单规范为指引,针对实际工作中遇到的各种结算审核问题,探索应对办法和解决思路,以期更好地指导实际工作。

第四章 建筑工程竣工结算问题与优化对策

一、工程量清单计价方式下工程竣工结算审核中经常出现的问题

(一)招标人工程量清单编制瑕疵导致的结算纠纷

实际工作中,由于工程量清单编制单位水平良莠不齐,且编制时间紧、任务重,加之图纸质量问题、图纸会审及答疑不充分、沟通不到位等原因,很容易导致工程量清单编制中出现一些问题,主要表现在:

1. 编制的工程量清单的列项不符合规范

分部分项工程量清单必须根据相关工程现行国家计量规范规定的项目编码、项目名称、项目特征、计量单位和工程量计算规则进行编制;投标人必须按照招标工程量清单填报价格。故招标方发布的工程量清单一旦出现错误,在没有及时纠正的情况下,将导致投标方的错误报价,为后期工程施工和工程结算纠纷埋下隐患。例如:某一清单项的项目特征描述中,对施工图中某一材料的规格型号描述有误,投标人将按照错误的清单项目特征进行投标报价,与设计图纸不一致,将导致施工中材料使用纠纷和工程结算审核中材料价格纠纷。

2. 编制的工程量清单出现缺项、漏项

工程量清单编制时出现了缺项、漏项,但招标答疑未进行补充,按照规定投标人必须按照招标人公布的清单进行投标报价,导致中标价中未包含缺漏项部分的费用,但施工中,该部分是构成工程实体不可分割的部分,施工单位必须完成,在总价合同中,如未就此明确约定,

结算审核时,可能导致对该部分工作内容是否计量计价、如何计量计价产生纠纷。

3. 编制的清单工程量与实际差异较大

编制的清单工程量错误,或者施工图理论工程量与实际工程量差距较大等非施工方原因引起的工程量差,需要对合同价格进行调整,如施工合同未明确约定处理办法(即重新计量计价的方法),则可能导致在工程结算时出现纠纷。

4. 编制的清单技术措施考虑不到位或者缺失

技术措施不是构成工程实体的组成部分,未在设计图纸中体现,由施工单位在组织施工时考虑。工程量清单在编制时,由于工程未进入施工阶段,对现场的情况的掌握不够充分,清单编制人员往往将技术措施费按一般情况考虑,而且对技术措施费的考虑也受到编制人员水平和经验的影响,如边施工边使用的现场一般会需要更多的围护费用,清单编制时如未特别考虑,则很可能导致技术措施费考虑不到位,当出入较大时,易引发结算纠纷。

(二)招投标中程序不合规范导致的结算纠纷

1. 未组织标前现场勘查、招标答疑

由于时间仓促或其他原因,招标方未组织设计方、咨询方、潜在投标人进行现场共同勘查,导致各方对现场情况认知不一致,对设计图纸的理解或是措施费用的考虑不一致。例如,装饰工程施工现场室内外高差为 1.5 米,现场未进行室外回填硬化等基层处理,而装饰图纸

第四章 建筑工程竣工结算问题与优化对策

也只进行面层做法设计，未考虑基层处理，招标人也未组织现场勘查及招标答疑对此进行明确，将可能导致较大的价格差异，引发结算纠纷。

2. 未进行清标或清标深度不够

招投标阶段招标人评标工作比较仓促，容易忽视商务标的清标工作，或者清标工作不够细致，对于投标人在投标文件中未能完全响应招标人公布的工程量清单的问题，或者投标综合单价明显不合理等问题不能及时发现并处理，导致在结算审核时，对于投标文件中未响应招标工程量清单部分或是明显不合理综合单价的适用产生结算纠纷。

（三）投标报价不合规导致的结算纠纷

投标人在进行投标报价时，必须遵守工程量清单计价的相关规范要求，如"投标人必须按照招标人发布的招标工程量清单进行报价"是清单规范的强制性要求，必须严格遵守。但是在实际工作中，经常会遇到由于投标方的投标报价不合规导致的结算纠纷问题。

1. 投标人不合理使用不平衡报价法

投标人在进行投标报价时会采取一定的价格策略，实际工程中不平衡报价法使用的较为频繁且不合理。例如：投标人通过分析项目前期资料预测某些清单工程量会出现较大增加，通过提高该部分综合单价可以为投标人在结算中带来更大的利润空间，但是投标时为了保持投标总价具有竞争力，会相应地降低另一些清单的综合单价，甚至导致该部分清单项的综合单价报价低于成本。此种做法会导致投标人违反清单规范关于"投标人的投标报价不得低于工程成本"的规定。

投标人不合理使用不平衡报价法,导致少数清单项综合单价异常,如招标人在清标、评标和合同签订时均未发现的,在工程量清单计价方式下,结算审核时对于工程量发生变化的会按照已标价清单综合单价进行总价调整。当实际情况与投标人预期一致,由于投标人对于预期变动做出了利于自我的价格调整,会导致招标人在后期结算时比较被动,支付价款远高于市场水平;相反,当遇到投标人预期变动方向与实际情况不一致时,投标人将遭遇较大损失,甚至引发投标人履约意愿改变,导致施工纠纷和结算纠纷。

2. 投标人漏报部分工程量清单的综合单价

投标人漏报部分招标工程量清单中的综合单价及合价,清标、评标过程中未发现的,项目竣工结算审核时,该部分工作内容实际完成,但是价格未在投标报价中体现,导致结算时出现是否就该部分工作内容的价格做出补偿的争议。

(四)合同签订不完善导致的结算纠纷

我国多年来一直采用1999年《施工合同示范文本》,没有现成的适合于清单计价的合同范本文本。合同范本与工程量清单计价的相关规范不配套,相关约定缺乏指导性的问题,如合同未明确与工程量清单计价相应的合同价格形式(单价合同、总价合同及其他合同形式);合同未明确价格调整的情形、方法及双方的风险承担范围等,导致结算审核时缺乏价格调整依据,引发结算纠纷。常见的有以下几类:

第四章 建筑工程竣工结算问题与优化对策

1. 合同未约定市场价格波动时合同主体各自的风险承担问题

对于市场价格波动引起的风险分担问题，应在合同中予以明确的约定，但由于在签订合同时招标方占有主动权，很多时候合同条款明显倾斜保护招标方利益，对材料价格上涨的调整比例不做约定、对超出范围的调整方法约定不明或者明确约定所有风险由承包商承担，结算时不予调整。一旦在施工中出现材料价格的大幅波动，则很可能导致承包商难以继续履行合同而出现停工，或者在施工完成后工程成本无法得到补偿的纠纷。

2. 合同未约定工程量增减变化幅度超过一定比例时，调整中标的综合单价的问题

施工过程中，由于工程变更等原因都会引起已标价工程量清单的工程数量发生变化，变化幅度较大时，如仍然执行已标价的综合单价，对合同某一方的利益将构成较大的影响，结算审核时可按照合同条款对已标价的综合单价进行调整，但是当合同未约定或约定不明时，则为了各自的利益很容易在结算的时候发生纠纷。

3. 合同价格形式约定不明导致的结算纠纷问题

1999年《施工合同示范文本》中的约定结算方式之一为"固定价格合同"，在使用过程中，发承包双方经常就该条款的适用产生分歧。在工程量清单计价方式下，该条款未明确是固定工程量清单单价还是固定总价，两种不同的方式在结算时的处理方法和原则都有差异，导致双方经常各持对自己有利的不同看法，发生结算审核的纠纷。

（五）工程变更导致的结算纠纷问题

由于建设工程的复杂性和长期性，工程施工过程中会遇到较多不可预见性的因素，需要对原有设计方案进行调整和变更，导致原已标价清单出现变更结算时引起合同价款的调整，如施工合同未约定相关调整办法，则较易引发结算纠纷。

1. 工程变更导致出现与原有清单不一致的清单项

工程施工过程中由于出现新的地质情况、突发事件等不可预见的因素导致原有设计发生变更，或者由于建设方指令等导致需要实施新的工作内容，会出现与原有已标价清单不一致的清单项，如施工合同未明确约定出现该情况时的处理办法，重新计量计价的原则，则可能导致在工程结算时，就如何确定这一新增项目的综合单价的问题出现争议和纠纷。

2. 工程变更导致措施项目方案变化

工程变更时，部分实体工程的工程量或工作内容发生变化，引起原投标时的措施项目方案发生变化，相应的措施项目费用也会发生变化，如施工合同未明确约定出现该情况时的处理办法，建设方如何审核新的措施方案，是否对新的措施方案计量计价，如何计量计价，都可能导致在工程结算时就这些问题的确定出现争议和纠纷。

第四章 建筑工程竣工结算问题与优化对策

二、对工程竣工结算审核中常见问题的应对

(一) 招标人工程量清单编制瑕疵引起的结算纠纷的应对

1. 编制的工程量清单的列项不符合规范的应对

出现这种情况后,应首先按照合同约定处理,如合同约定不予调整的或双方协商不予调整的,则不予调整,如合同中未予约定,但经协商调整的,应执行 2013 年版新清单规范第 9.4.2 条规定调整:若施工中出现施工图纸(含设计变更)与工程量清单项目特征描述不符的,且该变化引起该项目工程造价增减变化的,应按照实际施工的项目特征,重新确定相应工程量清单的综合单价,并调整合同价款。

2. 编制的工程量清单出现缺项、漏项的应对

对于在工程量清单编制时出现了缺项、漏项时,招标答疑未进行补充的,除合同约定不予调整或者双方协商不予调整的,应执行 2013 年版新清单规范第 9.5.1 条规定:合同履行期间,由于招标工程量清单中缺项,新增分部分项工程量清单项目的,按照本规范第 9.3.1 条规定确定单价(即合同中已有适用的综合单价且工程量偏差未超过 15% 的,按合同中已有的综合单价确定;合同中类似的综合单价,参照类似的综合单价确定;合同中没有适用或类似的综合单价,由承包人提出综合单价,经发包人确认后执行),并调整合同价款。

3. 编制的清单工程量与实际差异较大的应对

实际工程量与清单工程量出入较大时,应首先执行合同关于工程

量幅度差的风险分担的相关约定。合同没有约定或者约定不明的，建议处理方式：首先，由双方协商确定幅度，执行 2008 年版《建设工程工程量清单计价规范》第 4.7.5 条规定：因非承包人原因引起的工程量增减，该项工程量变化如在合同约定幅度以内的，应执行原有的综合单价；该项工程量变化在合同约定幅度以外的，其综合单价及措施费应予以调整；其次，如协商不成，按照 2013 年版新清单规范第 9.6.2 条的规定：当工程量增加 15% 以上时，增加部分的工程量的综合单价应予调低，当工程量减少 15% 以上时，减少后剩余部分的工程量的综合单价应予调高。

（二）招投标程序不合规引起的结算纠纷的应对

1. 未组织标前现场勘查、招标答疑

组织标前现场勘查、招标答疑是招标阶段的重要工作，有助于招标人、潜在投标人、其他参与方等对于施工现场的情况形成一致的认知，对于招标工程量清单、设计图纸等相关问题进行必要的澄清和修正，对于勘查中各方发现的风险进行事前的控制和防范，以减少施工管理和结算审核的纠纷。招标人应合理安排招标阶段的时间，实施这一重要的招投标程序。

2. 未进行清标或清标深度不够的应对

在招投标过程中组织清标工作主要是为了应对投标人未完全响应招标工程量清单报价或是不合理使用不平衡报价的问题，如时间、专业水平等原因受限未组织清标工作，则应在合同签订时对上述可能出

第四章 建筑工程竣工结算问题与优化对策

现的情形约定处理原则和价格调整方法，避免结算审查时出现相关的结算纠纷。

（三）投标人报价不合规引起的结算纠纷的应对

1. 投标人不合理使用不平衡报价法的应对

出现投标人不合理使用不平衡报价法导致的结算纠纷时，一定是结算工程量与清单工程量发生了较大的变化，导致结算价格偏离正常水平，纠纷的关键问题主要是，结算时该分部分项工程量清单综合单价的确定，即合同双方在清单工程量发生较大变化时，各自风险承担的问题。一般的解决思路是，按照合同约定，或者双方协商确定工程量变化超过多大比例时，重新调整已标价工程量清单综合单价的方法和原则。

2. 投标人漏报部分工程量清单的综合单价的应对

结算审核时，如发现投标人漏报部分招标工程量清单中的综合单价及合价，按照 2013 年版新清单规范第 6.2.7 条规定：招标工程量清单与计价表中列明的所有需要填写单价和合价的项目，投标人均应填写且只允许有一个报价，未填写单价和合价的项目，可视为此项费用已包含在已标价工程量清单中其他项目的单价和合价之中。当竣工结算时，此项目不得重新组价予以调整。但是该条款为非强制性条款，可作为处理该类问题的参考，在双方不能协商一致的情况下执行，如双方协商一致则按协商办法执行。

(四) 合同签订不完善引起的结算纠纷的应对

1. 合同未约定市场价格波动时合同主体各自的风险承担问题的应对

合同签订后，实际施工期间，由于非承包商的原因，出现材料价格的大幅波动的，合同未约定各自的风险承担范围及调整方法，参考 2013 年版新清单规范及国际惯例并结合我国工程建设的特点，一般采用的方式是承包人承担 5% 以内的材料、工程设备价格风险，10% 以内的施工机具使用费风险。

2. 合同未约定工程量增减变化幅度超过一定比例时，调整中标的综合单价的应对

合同双方应该在专用条款中予以约定当工程量增减变化幅度超过一定比例时，调整中标的综合单价的问题。没有约定的或者约定不明的，合同主体应该进行协商，并参考 2013 年版新清单规范对该情况做的规定：当应予计算的实际工程量与招标工程量清单出现偏差（包括因工程变更等原因导致的工程量偏差）超过 15% 时，可对综合单价进行调整；当工程量增加 15% 以上时，其增加部分的工程量的综合单价应予调低；当工程量减少 15% 以上时，减少后剩余部分的工程量的综合单价应予调高。

3. 合同价格形式约定不明的应对

2013 年版的《施工合同示范文本》已经正式出台实施，作为新的指导性施工合同文本，其中对于合同价格的形式做了比较明确的说明

第四章 建筑工程竣工结算问题与优化对策

和约定,不会出现对于"固定价格"的理解差异。实际结算审核中,如还遇到使用 1999 年版《施工合同示范文本》中"固定价格"结算方式约定的,则在结算审核时,应提请合同双方就该条款做进一步的解释,当然,这种事后控制的方式,对承包方是不利的,所以应尽量在施工合同签订时予以明确约定。

(五) 工程结算变更引起的结算纠纷的应对

1. 工程变更导致出现与已标价清单不一致的清单项时的应对

当工程变更导致结算审核时出现与已标价清单不一致的情况时,参考 2013 年版新清单规范第 9.3.1 条规定:变更的工程量清单与已标价清单类似的,可在合理范围内参照类似项目的单价;已标价工程量清单中没有适用的也没有类似的,应由施工方根据变更的工程资料、计量规则和计价办法、工程造价管理机构发布的信息价格和施工方报价浮动率提出变更工程项目的价,并应报发包人确认后进行调整。

2. 工程变更导致措施项目方案变化的应对

由于工程变更等原因引起原投标时的措施项目方案发生变化,导致措施项目费用发生变化。发生此类情况,综合 2013 年版新清单规范的多项规定:承包人应该事先将拟实施的方案提交发包人确认,并应详细说明与原方案措施项目相比的变化情况,拟实施的方案经发承包双方确认后执行。同时第 9.3.2 条规范还规定:如果承包人未事先将拟实施的方案提交给发包人确认,应视为工程变更不引起措施项目费的调整或承包人放弃调整措施项目费的权利。该条款要求承包人主动维护自己的权益。

三、加强工程项目各阶段的管理，从源头上减少工程结算中的纠纷问题

通过对工作中遇到的各类结算审核问题进行归纳、分析和提出应对措施，不难看出这些应对办法都只是事后应对，问题的根源是项目前期准备阶段和实施阶段的管理不到位所致，加强这些方面的管理才是解决问题的关键。具体思路如下：

（一）加强项目设计阶段的管理

明确建设意图，优化设计方案，组织详尽的现场勘察，不断优化施工图设计，减少设计阶段的差错和缺陷，减少不确定性因素的影响，从而减少施工过程中的现场签证和设计变更导致的结算纠纷。

（二）加强招投标阶段的管理

编制招标文件时，应合理安排时间，委托有实力的造价咨询机构，详细编制作为招标文件重要组成部分的工程量清单及招标控制价，尽量避免缺项、漏项等工程量清单编制纰漏和错误。对于工程情况相对复杂，工艺、专业水平要求相对较高，工期较紧的项目要尽量采用综合评标法。将施工单位的资质、信誉、能力、类似工程经历、施工技术方案等纳入综合考虑的范围，并根据项目的实际情况设定

合理的权重，以选中最为合适的施工承包商，同时，对于投标人的投标报价进行对比分析，以排除有明显异常综合单价的投标报价的影响。通过完善招标文件，提高招投标管理，降低施工过程中对质量、工期、成本的管理难度，也为后期工程结算审核时避免结算纠纷打下坚实基础。

（三）加强施工合同的管理

工程结算的主要依据就是工程施工合同，凡是作为合同文件组成部分的所有资料都是工程结算的重要依据。工程施工合同除明确工程价款的结算的方式外，还应对于工程量清单描述错误、漏项、缺项，工程量变化的调整范围和方法，工程人工、材料、设备等价格风险的承担范围做出明确的约定，尽量减少合同条款的漏洞。

（四）加强工程变更的管理

合同主体应该在合同中对双方管理人员的管理职责和范围有明确而具体的约定，特别是要约定现场管理人员的权限范围和效力，现场签证单的送审和审核流程、权限、时间，这样可以有效减少结算时由于工程签证单的效力引发的扯皮和推诿现象。同时现场签证单应连续编号并做好资料的保管工作，避免某些关键的签证单被有意剔除造成结算时产生不必要的纠纷。

建筑工程审计常见问题与对策

总之,结算审核阶段遇到的纠纷是项目准备阶段、设计阶段、招投标阶段、施工阶段出现问题的集中反映,只有做好了各阶段的工作,才能从源头上减少结算纠纷,提高纠纷解决的主动性和效率。

第五章　建筑工程审计具体应用

第五章　建筑工程审计具体应用

第一节　BIM 技术在工程造价跟踪审计中的应用

近年来，BIM 技术作为一种全新的工程项目管理技术在全国范围内得到了极大的推广，它给建设工程项目的管理带来了全新的管理理念。根据《建筑工程信息模型应用统一标准》（征求意见稿）的要求，"到 2020 年年末，新立项项目勘察设计、施工、运营维护中，应用 BIM 的项目比率达到 90%：以国有资金投资为主的大中型建筑；申报绿色建筑的公共建筑和绿色生态示范小区"。BIM 技术是建设工程项目管理过程中不可回避的内容。

一、BIM 技术的简介

BIM 的英文全称为 Building Information Modeling，即建筑信息模型。BIM 是以三维数字技术为基础，集成了各种相关信息的工程数据模型，可以为设计、施工和运营提供相协调的、内部保持一致的并可进行运算的信息。涉及工程项目全生命周期管理的阶段。麦格劳—希尔建筑信息公司对 BIM 的定义为创建并利用数字模型对项目进行设计、建造及运营管理的过程，即利用计算机三维软件工具创建包含建筑工程项目中完整数字模型，并在该模型中包含详细工程信息，能够将这些模型和信息应用于建筑工程的设计过程、施工管理以及物业和运营管理等建筑全生命管理过程中。

二、BIM 技术对建设工程项目全过程跟踪审计建设带来的影响

建设工程项目全过程按照施工过程将工程项目分为工程项目决策阶段、工程项目准备阶段、工程施工阶段、工程试运行和后评价四个阶段。因此，建设工程项目全过程跟踪审计是以这四个阶段为基础，探究工程项目各阶段跟踪审计的具体控制措施，在保证工程质量的前提下，合理控制工程投资，进而达到提高整个工程项目的经济、社会及环境效益之目的。

（一）从纵向上分析

从纵向看，BIM 技术整合了包括对建筑工程整个生命周期，从建设工程项目的决策到建设工程项目竣工后的运营和评价，BIM 技术已经在为建设工程项目的整个生命阶段提供了数据模型，并实现了数据共享，给建设工程项目生命周期提供了项目管理的技术支持。这为建设工程项目全过程跟踪审计提供了很好的技术突破口。我们一直强调全过程跟踪审计，重点强调事前、事中、事后三个时间阶段，但并没

第五章 建筑工程审计具体应用

有给出一个具体的切入点。通过对BIM技术的推广，结合BIM模型的创建过程，我们可以较好地把握建设工程项目在各个阶段的切入点，真正做到事前可行性研究审计，从项目立项初始，提供项目的价值，避免重复建设浪费。做到事中审计中专业在设计阶段协同设计，使各方面资源整合，避免事中审计过程的碎片化，提高审计的效率和效益。在项目使用阶段，即事后审计阶段，我们不但要关注项目竣工决算的合规性、合法性、合理性，同时BIM技术可提高建筑物使用寿命，降低运维成本，给我们进行项目绩效审计提供技术支持和较为可靠的信息来源。

（二）从横向上分析

从横向看，基于BIM技术的支撑，审计人员可以从建设工程项目管理的四个目标入手进行审计，即进度控制目标、成本控制目标、质量控制目标、安全控制目标。这四个目标在项目生命周期四个阶段都是工程人员关注的主要方向，这四个目标存在此消彼长的关系，不能过分强调某个目标而牺牲其他目标的利益。审计人员在项目全过程跟踪审计中注重的不单是项目造价的控制，也必然包含进度、质量、安全的审计目标。这四个目标和项目总体目标是统一的，所以通过BIM技术，审计人员可以进一步挖掘项目的效益性、效果性、效率性，实现对项目全过程的跟踪和评价，实现项目价值。

建筑工程审计常见问题与对策

三、BIM 技术在建设工程项目全过程跟踪审计的运用

（一）项目决策阶段的审计

建设工程项目全过程跟踪审计从建设工程项目立项决策开始，审计技术从这个阶段开始和 BIM 技术进行接轨，利用 BIM 技术高效准确、直观可视、数据共享的特性能够在不同程度上简化工程审计工作，化繁为简，节省人力、物力。

传统的决策阶段审计，主要是从项目的决策、可行性研究入手，审查相关手续审批严格是否按照国家政策和学校规定开展，无完整相关文件（项目建议书等）和其他证据支持。可行性研究的审查主要包括资金的可行性和技术的可行性，资金来源与落实情况等。审查工作通过查阅鉴定开工前各项工作的相关手续的审批文件来进行。审查的目的主要以合规性和合法性为主，由于项目本身具有一次性或单件性的特点，各个项目之间可以借鉴的地方较少，相关数据搜集比较困难，进一步使审计成本加大。

而在此阶段，将 BIM 技术运用到审计过程中，可以实现 BIM 模型创建和 BIM 数据共享，帮助审计人员通过 BIM 中项目相关文件提取数据，通过关键字的检索可以快速查找到需要的文件，极大地节省了信息交流的时间，提高了审计审阅相关文件的效率，节约了审计成本。

第五章　建筑工程审计具体应用

（二）项目准备阶段的审计

项目准备阶段的审计主要包括对项目的勘察设计，以及工程项目的招投标活动。要在此阶段考虑项目的效益性等问题，在传统的审计方法下有一定难度，因为从审计角度来看，要全面了解项目设计的目标是否和可行性研究目标吻合，利用现有的审计技术是很难进行对比的。但是如果将 BIM 技术应用其中，我们可以借助 BIM 里面的相关软件对日照、可视度、光环境、热环境、风环境等进行仿真模拟并加以分析，充分考虑环境与项目之间的交互影响。利用 BIM 的三维视图对项目设计图纸进行管线碰撞检查，同时也减少了后期可能出现的设计变更等情况，极大地提高了审计效率，减轻了后期审计的压力。

（三）项目实施阶段的审计

传统的项目实施阶段的审计最主要的还是关注于造价的控制，仍然是对"计算工程量—套价—取费"这个环节进行审计，计算工程量的变动是否合理，价格的选取是否符合市场要求。而对于进度、质量、安全这三个目标的审计相对来说重视不够。其原因主要是各个项目具有自己独特的特点，专业性较强，审计人员力量不足。

通过 BIM 技术，我们可以对进度、质量、成本、安全这四个目标一视同仁，在审计中运用 BIM 的施工进度模拟功能用三维形式描述施工进度，制订施工计划，模拟施工中的重要环节，将施工过程用直观、精确的动画方式呈现出来。审计人员可以通过对比 BIM 进度与实际进度，评估施工单位的成本控制、工期控制、材料采购控制的能力，积极进行多方的信息沟通，提高项目施工的效益性和效率性。

（四）项目竣工和运行阶段的审计

BIM技术中的算量软件，是基于现行的工程量计算、标准及规范进行开发的，建筑工程算量、造价计算规则已经包含在软件的数据库中，能自动根据项目的实际情况进行计算分析处理，与传统的审计方式相比，减轻了审计人员的工作和审计成本。BIM模型在创建之初就考虑了项目的竣工的运营和维护，它所包含的数据为审计人员对建设工程项目后期的跟踪审计提供了极大的方便。

BIM技术的推广和运用已经是建筑业的必然趋势，我们作为审计人员应该顺势而上，抓紧学习的机会，为提高建设工程项目审计效益，降低审计风险发挥更好的作用。

第五章　建筑工程审计具体应用

第二节　PDCA 循环法在建设工程审计中的应用

在建筑工程项目中，项目审计质量管理是建筑管理的重点。科学合理的审计质量管理主要对建设工程项目全过程进行质量监督，了解项目的具体实施情况。然而制订工程审计质量管理往往存在一些难点及问题，这对审计质量管理的目标实现造成巨大影响。为了解决这一问题，可以应用 PDCA 循环法实现项目全过程的管理，进而提升建设工程整体质量。

一、PDCA 循环法概述

PDCA 循环法是全面实现质量管理的科学方法，企业在生产经营过程中，为了保证产品质量，需要做好全面的质量管理，而 PDCA 循环法就根据质量管理的要求，将管理控制的全过程细分为四个阶段：计划（Plan）阶段，也就是根据实际要求对现状进行分析，依据分析制订合理的审计计划，提出审计目标；实施（Do）阶段，即制订计划后，依据计划中的程序认真执行的过程；检查（Check）阶段，主要指对计划实施过程进行监视及测量，检测计划实施是否达到了预期的效果；处理（Action）阶段，主要是指对实施的总体效果进行总结，将成功的经验总结并且整理成标准，并且将实施过程中没有解决或者遇到的新问题提交到下一个工作循环中解决。在质量管理过程中，四个控制过程始终不间断进行，如此循环往复就简称为 PDCA 循环。PDCA 循环法具有对质量进行全面管理、参与生产全过程管理和推动全员参与管理以及推动全社会参与的显著特点。从 PDCA 循环法的控制模式及特点上分析，该方法对当前的建设项目全过程审计质量管理也有很大的意义，通过审计计划制订、审计执行、审计监督检查以及审计评价四个阶段的作用，组成全过程审计质量管理的有效体系。

二、建设工程全过程审计质量管理中 PDCA 循环法的应用

建设工程审计质量管理的内容包括：审计计划制订、审计具体实施、审计质量控制、审计成果分析以及审计后评价等环节。在建设工程中，审计调查主要为了解建设项目的基本情况，制订合理的审计质量控制计划。将 PDCA 循环法应用到建设项目全过程审计中，其中 P 阶段主要为审计理想调查及审计计划的制订；审计准备、现场实施以及审计报告属于 D 阶段；审计监督检查属于 C 阶段，审计成果处理与分析属于 A 阶段。

第五章 建筑工程审计具体应用

（一）P阶段

1. 审计立项调查

审计立项调查主要对建设项目所处经济环境、政策环境进行审查，以评估项目建设的可行性、效益性、建设规模以及建设条件。借助审计立项调查能够掌握建设项目的基本情况，这样可以为审计计划的制订以及审计计划的有效实施打下坚实的基础。

2. 审计计划及审计目标的制订

审计机构的相关负责人需要依据审计立项的结果制订出审计计划以及审计目标，其中审计计划主要是对年度需要完成的审计任务进行事先的规划，而审计目标则主要是指审计项目在相应的时间需要达成的效果。

审计计划制订后应认真组织实施，通过对计划的实施情况进行检查及考核，保证审计工作能够正常进行，同时计划的实施与检查也可以为审计目标的实现打下坚实的基础，这样便于审计资源的利用，提升审计效率。

（二）D阶段

1. 审计前准备

依据先前制订的审计计划，为了保证建设工程全过程审计工程项目顺利进行，需要组建审计小组，进行审计前的调查以及制订审计方案，召开相应的审计会议。

2. 审计具体实施

审计小组的工作人员需要根据审计方案进行分工，进行建设项目全过程审计，具体如下：项目前期需要对项目的可行性设计进行审计、审计项目前期勘察与设计、项目招投标审计以及项目合同签订等；在项目实施过程中需要对施工现场进行测量与计量，检查进场的材料，询问主要材料的价格，对施工期间工程变更、现场签证以及施工索赔情况进行审查确认，同时编制审计工作日志。

3. 审计报告编制以及审计资料管理

在现场审计过程中，审计小组的工作人员还应将审计资料进行汇总，同时撰写审计工作底稿，编写审计报告，审计报告的具体内容主要包括工程量清单、招标控制价的审核意见、竣工结算审计以及工程项目全过程的审计等。同时还需要签发及整理审计资料。

审计计划实施阶段是非常重要的环节，为了保证计划顺利实施，需要按照以下三个方面要求开展审计工作：第一，必须按照审计计划规定数量及质量完成审计任务；第二，应严格按照《审计法》实施审计程序及方法；第三，要求审计人员保持谨慎工作态度，不能重程序轻实际，而是需要依靠审计经验做出专业判断并且认真核实。

（三）C阶段

1. 质量管理制度制订

审计前要求审计机构熟悉国家及行业相关规定，建立健全各项审计质量管理制订，形成完整、规范以及可操作性强的审计管理工作制度，明确具体职责、规范管理,保证审计工作质量,如审计小组岗位职责管理制度、重点审计项目工作流程、审计检查复核制度、审计质量考核评价制度等。

2. 定时检查

审计小组的组长需要定期地检查审计小组成员的审计日志、审计周报及工作底稿等。检查审计人员在审计过程中是否按照规定准则办事及具备职业道德规范,审计处理方法是否符合法律法规要求,通过定时的检查及时发现审计过程存在的质量问题。

3. 及时修正

审计计划与审计方案是质量控制预防体系,通常也是动态质量控制程序,随着审计进程发现的新情况及新问题进行动态调整,所以在审计过程中也需要不断对审计计划及审计方案进行完善。同时在审计过程中还需要发挥全员的主动性、积极性和创造性,转变传统的思想、方法,应用国际质量要求程序进一步提升审计工作程序的规范性、合理性,进而控制审计质量。

(四) A阶段

1. 审计质量分析

A阶段主要对PDC三个阶段的实施效果进行统计及分析,找出计划目标同审计实际的差距,对审计建议可行性进行评价,同时检查是否建立后续审计、检查与评价机制。

2. 找出问题

质量是审计工作生命线。审计处理阶段需找出影响全过程审计质量的问题，为新一轮审计项目提供帮助。依据实际设计管理，审计实施过程常出现的问题包括以下几个方面：①审计程度不规范；②调查不深入；③方案缺乏指导性；④质量管理及控制不严；⑤成果反映不突出；⑥整改督促与检查不到位。

3. 提出整改方案

针对审计质量控制存在的问题，需进行反复论证及修改，提出切实可行的整改方案。具体包括做好审计前的调查工作，制订科学可行的审计方案；制订审计质量管理制度，形成完善的审计工作程序；提高审计工作人员的专业能力等。

总之，将 PDCA 循环法应用到当前建设项目全过程审计质量管理中，通过计划制订、计划实施、监督检查、总结评价过程的循环，使审计质量得到保证，通过工作循环解决问题，逐步提升审计质量，进而提高建设项目的质量。

第三节 现代风险导向审计在施工企业内部审计中的应用

一、现代风险导向审计基本理论

（一）现代风险导向审计的含义

风险导向审计，是指审计人员在审计过程中都以企业经营风险分析评估为导向，依据风险确定审计范围与重点，对企业的风险管理、内部控制治理程序进行评价，进而提出建设性意见和建议，协助企业管理风险，实现企业独立的鉴证和咨询活动。

（二）现代风险导向审计特征

1.强化了审计风险意识，扩展了审计范围，将审计重心从内部控制测试前移至公司层面的风险评估，将连续、动态的风险评估贯穿于整个审计过程。

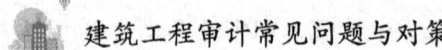

2.更加注重分析性程序的运用。通过分析性程序，可以多角度发现同一风险事件在不同经营领域、不同流程环节的各种表象，使风险评估结果更为可靠。

3.增强了审计程序的针对性，提高了审计资源的使用效益。将风险评估手段与审计程序进行有机结合，使审计资源有的放矢地集中到重要风险领域，促进其有效分配和利用，提高审计效率。

二、现代风险导向审计的具体应用

（一）现代风险导向审计在施工企业审计计划时的应用

首先，了解被审计单位，制订合理的审计计划。了解施工企业及其所处的环境，以评估重大错报风险。审计人员通过与管理当局讨论、查看重要场所、查阅企业董事会记录和备忘录、公司手册等内部文件以及事务所自身的工作底稿记录等途径了解企业及其环境。识别和评估财务报表层次以及各类交易、账户余额、列报与披露认定层次的重大错报风险，从而明确审计应重点关注的领域。其次，针对施工企业重大错报风险的估计水平，充分考虑重大错报风险，并据此来确定实质性测试的性质范围，合理地分配审计资源、恰当地安排审计时间，将审计风险降低到可以接受的水平。

（二）现代风险导向审计在施工企业审计实施阶段的应用

风险导向在可接受的审计风险情况下，通过评价和测试被审计单

第五章 建筑工程审计具体应用

位的固有风险和控制风险的薄弱环节及缺陷，找出被审计单位容易错报的地方，投入较大的审计资源，多做审计程序，从而降低检查风险。内部审计人员可以参与企业内部控制制度的制订，降低企业的固有风险；在日常工作中监督检查内部控制制度的实施，从而降低企业的控制风险。这样可以促使企业管理层识别出哪些领域是高风险，从而规避或慎重对待，从企业整体方面也降低了内部审计的检查风险，提高了内部审计质量。

（三）现代风险导向审计在施工企业内部控制评价中的应用

风险导向审计对控制活动的完善作用主要体现在审查企业控制活动是否严格，方法是否得当；是否将员工实施内部控制情况纳入绩效考评体系，作为绩效考核指标；控制措施是否做到对于重要业务和事项实行集体决策审批或者联签制度；对货币资金、有价证券、存货、变现能力强的资产是否限制无关人员的直接接触；重要的和技术性较强的采购业务是否组织专家进行可行性论证，实行集体决策和审批；金额较大或情况特殊的销售业务，是否实行集体决策；在财会等关键岗位员工轮岗上，职责分工是否符合内部牵制的原则，能否使不相容的岗位相互监督、制约，形成有效的制衡机制。通过对内部控制的再控制，使公司面临的风险得到有效管理，为公司价值提升带来空间，使风险导向内部审计真正为公司带来增值作用。

三、施工企业应用现代风险导向审计面临的问题

（一）审计人员对风险的理解不充分，难以实行风险导向审计模式

应用风险导向审计，提高审计的质量，将促使审计机构重视审计队伍建设。当前企业积极转变发展方式，更加注重发展质量和效率，要求审计的职业水平能够不断适应公司经营发展变化。部分审计人员，忽视自身专业知识的更新，没有根据工作实际提升自己审计的综合能力，无法适应风险导向审计要求。施工企业审计人员多是对财务收支审计工作的操作比较熟悉，缺乏一定的工程专业审计能力，对风险的理解和把握能力不够，缺乏掌握全局的宏观意识。

（二）审计信息数据库不健全

风险导向审计要求内部审计人员在审计过程中，收集足够多的环境、战略、经营、预算、报表、统计等财务和非财务数据，以便于充分评估公司层面的风险；内部审计人员也需要对收集到的数据进行分析、加工、提炼，但数据的收集及其分析，仅凭审计人员的手工操作是难以实现的。

（三）现行企业审计制度不能适应风险导向审计的要求

施工企业忽视公司经营管理基础、盲目照搬风险导向审计模式，为内部审计带来更大的审计风险。在传统审计项目实践中，没注意平衡审计成本控制和审计风险控制，没有带来审计资源的结构优化和整

第五章 建筑工程审计具体应用

合。在控制总体审计风险的基础上,根据现有的审计资源状况,对审计内容和审计程序简单增加,对不同风险采取相同的审计方法。对于经过评估认为不存在重要风险的领域,没采取适当简化审计程序。审计项目实践与审计业务规划过程中没建立与企业全面风险管理体系相匹配的审计策略体系。因此,要推行风险导向审计模式,审计制度必须进行适当的改革。

四、为满足风险导向审计的实际需要,提出以下对策

(一)施工企业应当进一步增强对企业所面临的内外部风险的理解

提高审计人员的专业素养,不断学习新的技术、新的技能使审计人员实践能力得到有效锻炼,职业判断能力得到有效提升。只有充分了解企业的风险,才能更好地对风险进行完整的识别、分解和量化,从而准确把握审计方向和重点。同时建立常态化的风险报告、收集、分析和评价制度,确保内部审计风险库不断得到充实和完善。

(二)加强信息技术在风险导向审计中的应用

促使内部审计机构推进审计信息化建设,积极运用信息技术审计工具,提高审计效率。在公司管理信息系统及核心业务系统中嵌入审计模块与内部审计信息系统建立数据接口,实现对各类数据的获取、归集、审阅、核对、分析,加快信息传递效率,实现数据在企业内部的高效共享。实现对企业生产经营数据的实时监控,有利于实现事中

的风险分析、预警和事后的风险评价、满足内部审计人员开展风险审计的需要。

（三）完善以风险为导向的内部审计制度

内部审计部门应循序渐进地引入风险导向审计方法，逐步探索和完善适合本企业实际的风险导向内部审计模式。应用风险导向审计，要求内部审计人员首先从了解公司风险管理和内部控制入手。为了尽可能地降低审计风险，施工企业应充分履行监督、评价和咨询职能，积极发挥风险导向审计在全面风险管理中的作用。同时，结合国家审计法规、准则规定及全面风险管理的需要，对公司现有审计规章制度进行全面梳理和优化，完善风险导向审计的具体程序和方法，使风险导向审计有章可循。在传统审计项目中辩证地引入风险导向审计，提高其在内部审计实践中的应用效果。在企业审计业务实践中，要注意平衡审计成本控制和审计风险控制，将审计资源重点配置于高风险审计领域。应用风险导向审计，在控制总体审计风险的基础上，根据现有的审计资源状况，对审计内容和审计程序有抓有放，对不同风险采取有针对性的审计方法。风险导向审计更关注公司高风险领域对审计目标的影响，将对风险的辨识、分析和评价贯穿于审计工作始终。因此，风险导向审计不仅仅是一种审计技术，它是因审计理念的转变而产生的审计模式、审计方法的变革。

施工企业内部审计开展现代风险导向审计是内部审计的必然发展趋势，既是职业自身发展的需要，也是当前形势发展的需要。学习现

第五章 建筑工程审计具体应用

代风险导向审计方法,并将其应用于企业内部审计业务管理和项目实施中,对于实现审计目标、保证审计质量、节约审计资源、提高工作效率具有重要意义。因此,施工企业在现阶段,应首先接受现代风险导向审计的理念。在工作实践中将风险评估贯穿审计的全过程,不断探索现代风险导向审计的方法,将审计风险降低到最低可接受水平。

第四节 审计在医院工程招投标中的作用

招投标就是招标和投标,招标,是指在企业之间进行贸易时的一种特殊的交易方式,以订立合同为目的的民事活动,属于订立合同的预备阶段。招标从狭义上来说,是招标人通过自身的需求情况,提出一定的标准和条件吸引潜在投标商参与投标的一种行为。投标与招标的概念相反,投标是根据招标人提出的要求和条件参与投标竞争的一种行为。招投标代表了一个过程的两个方面,分别对应采购方和供应方的交易行为。医院工程的招投标就是医院工程建设项目的一种特殊交易方式。

一、审计在医院工程招投标中应用的必要性

医院工程招投标管理属于医院的经济管理活动,为了保障医院工程招投标顺利进行就要实现医院的审计参与,其必要性体现在以下几个方面:

第五章 建筑工程审计具体应用

(一) 医院内部审计的意义决定

医院的内部审计工作是医院会计活动中的重要组成部分,对医院的经济管理内部活动起到监督和制约的作用,从而实现医院资金使用的高效率。内部审计对于医院经济管理有重要意义,不仅有利于监督手段的补充,还可以预防违法犯罪,维护法律,树立权威,给医院的财产提供保障。而医院工程招投标属于医院管理活动中的一种,因此审计参与到招投标过程中是很有必要的。

(二) 医院工程招投标的性质决定

医院工程招投标是医院财务工作中的项目投资建设工作,也就是医院通过向潜在的投标商提供医院工程中的需要,促使投标商参与投标竞争从而选择最佳交易人的一种交易形式。医院工程招投标包含了交易,也就意味着有经营活动产生,因此就有监督的必要性,而审计的参与就能发挥监督制约的功能。

(三) 医院工程招投标全过程的监督需要

随着医院基础建设、装修、修缮等工程项目的普遍进行,招投标活动也相继开展,医院工程招投标的小组成员一般都是审计人员,从而保证对招投标过程实行监督。但在实际情况中,大部分医院的内部审计人员并没有全程参与招投标的整个过程,而只是象征性地参与了工程的开标,因此造成监督不到位,当医院工程招投标活动出现问题时,也很难找到具体的负责人。因此,要实现全面有效的监督,必须让审计参与到医院工程招投标的全过程。

二、审计在医院工程招投标中的具体作用

审计参与到医院工程招投标活动，不仅能够有效实现医院经济活动的监督管理，还能有效促进招投标活动的顺利进行。审计在医院工程项目招投标中的作用具体体现在以下几个方面：

（一）招标文件的审查

在医院招投标过程中，招标文件是招标工作的依据，也是总纲领，对整个招投标活动的内容进行了范围的划定，对于活动的进行具有约束的作用。另外，在招投标结束后，招标文件还起到对建设单位和中标单位的约束作用。因此，医院的内部审计人员对招标文件的审查是很有必要的。对招标文件的审查内容主要有：招标设立的工程进度付款办法、工程安全防护、工程结算办法、竣工验收后的保修措施以及合同内的主要条款等内容。通过对这些内容的审查，及时发现文件中的错误，从而减少医院不必要的损失。在审查过程中还要注意文件内容的可行性和实际性，通过实际考察，避免文件中出现虚报的情况，从而给医院带来明显的效益。招标文件包括开标表、工程项目材料及设备类评标、定标评审表以及承诺函。

（二）工程量清单的审查

工程量清单是建设单位提供的有关工程量计算、图纸及资料的文

件，其中价格的制订等都是通过招标文件规定进行编制的。而审计人员对工程量清单的审查主要是对工程量的计算准确与否。具体操作有：在计算工程量过程中，首先由基建部门提供设计的图纸，由招标代理机构进行工程量编制，然后通过纪检部门、审计部门以及使用部门一起对各项细节进行核实，从而提高准确性。在核实过程中，三个部门对设计图纸进行讨论分析后，要形成统一的计算方法。审计人员在工程量清单的审核计算中注意是否多算、重算、漏算或者小数点错位等问题，保证计算过程的准确性。例如，在医院室内瓷片的定额计算中，一般包括水泥砂浆的量，但是很容易重新套用水泥砂浆批挡，导致重复计算。

另外，在工程量的清单审查过程中还要对招投标过程中的疑问进行解答，在审查的附件中写好补充说明，对招标文件中的条款、工程量清单中的计算公式以及设计图纸上的看法和疑问进行解释和说明，此外，在审计检查过程中的错误也要明确指出并详细附上说明，让建筑方和承办方清楚细节内容，及时改正错误。

（三）投标标价审查

医院的工程项目招投标的经济标书投标单价的编制采用的是单价综合法，对人工费、材料费、机械费以及其他直接费和间接费等费用进行综合单价处理。在工程量清单和套价的定额上进行统一，从而与建设单位的报价理论相一致。因此，在投标标价的审查过程中，需要检查的方面有很多,首先就是检查工程量清单有无增添或者涂改的痕迹,且要对比招标文件,判断两者的工程量清单是否一致、标价的编制是否一致、套价的定额是否一致等内容。在标价的审查过程中还要注意市场的价格,以此来判断主材的价格制订是否合理,从而保障双方的利益。例如,在医院旧楼拆迁的项目中,按照计算定额的方法,每平方米需要120元,而由于旧材料的回收让拆迁的承包商获得收益,因此市场价格仅为 50～60 元/m^2。所以,医院在审计中需要对该方面的价格与拆迁承包商进行协商,达到双方满意的价格。另外,对于结算时的工程量也要如实核算,减少结算的争议性,体现公平性。

(四)合同的签订

合同的签订是医院工程招投标过程的最后一个阶段,通过上述对所有招标过程的审计检查确认无误后,医院就要与投标方建立合作关系,签署正式的合同。合同的内容按照招标文件规定来拟定,另外也要结合审计过程中的疑问以及施工单位的投标文件内容。合同的规范则是按照国家有关的工程施工合同的标准进行设定。

随着工程建设事业的发展,工程造价也逐渐完成了重大的改革。其中最显著的变化就是将国际通用的工程量清单计价模式引入工程建设中,使工程在量的计算上有了统一的标准,而价格方面则随市场上的价格来合理制定。医院的基础设施建设也采用工程造价的方式,利用工程招投标活动来降低工程的成本,通过审计的监督,保证医院一

第五章 建筑工程审计具体应用

定的经济效益。因此，医院在建设工程的招投标过程中，要加强审计的参与力度，对招投标全过程进行有效的核查和监督，保证公平公正性。

第五节 全过程跟踪审计在建筑工程造价中的应用

建设项目跟踪审计主要采用的是现代审计法来针对建设项目内的决策、设计、竣工结算、施工等完整的过程实行的技术经济活动和固定资产形成中的真实性、合法和有效性的审计监督及评价,从而对国家、业主和相关单位的合法权益进行维护,实现对工程造价的有效控制和真实反映,进而促进管理以及廉政,提升投资的效益。快速通过审计的手段将工作造价控制在设计概算范围中很关键。

全过程造价控制主要在项目启动前、设计阶段、投资决策、施工阶段、竣工结算等各个环节对工程造价进行控制,项目启动前通过造价控制可对项目的可行性做出全面评估,审核相关手续文件是否齐全;设计阶段则监督设计单位按项目要求进行,以保证设计方案的周全、细致,降低施工阶段的设计变更率,以免影响施工成本。施工过程中则有效进行投资控制及施工控制,避免施工中不按规范操作、不按设计施工等问题的发生,减少工程安全隐患。竣工后则控制项目结算,

第五章 建筑工程审计具体应用

审核项目是否按规定编制竣工财务决算报表,避免影响到竣工决算审计事项等。由此可见,全过程造价跟踪审计涉及项目建设的全过程,可有效防止项目实施过程中由于缺少监督而发生资金问题。

一、造价跟踪审计在建筑工程中应用的现状

(一)审计人员整体水平较低

审计人员能力的不足是建筑工程项目全过程跟踪审计的一大问题,在具体实施过程中,虽然建筑企业与政府均设有相应的审计机构,但是目前存在不少审计人员缺乏相应的专业资格,也有部分审计人员虽然持有相应的职业资格证件,但其缺乏对建筑施工知识的了解,导致其审计工作的开展受到限制。因此,针对审计人员整体水平较低的问题,必须引起足够的重视。

(二)缺乏机构对全过程跟踪审计进行协调和推动

为保证施工全过程审计工作得到有效落实,需要由资质较深的单位和权威、高素质的审计人员进行负责,从而促使信息的采集更加高效,并且更好地对信息进行汇总、整理以及分配。但是在现实中,无论是建设单位、承包单位,还是第三方中介,均不能使有关标准得到满足。由于缺乏这些机构的协调与推动,导致全过程跟踪审计工作成效不尽如人意。所以,需要重视这一问题,并采取措施使这一问题得到有效处理。

(三）实施全过程造价跟踪有很大的困难

建筑工程涉及很多方面，在施工前期需要购买所需要的材料，在施工过程中，要做好人员的组织管理，这些方面都要进行审计管理，因此其工作量较大。很多企业在施工阶段会选择以工程承包方式进行，而这也增加了工程造价的难度，审计工作需要和承包方进行沟通，如果双方不进行有效的配合，会影响审计的效率和质量，甚至最后导致在落实审计工作中，很难继续执行下去，在中途出现流产等问题。

二、全过程跟踪审计在工程造价中的应用

（一）项目初审阶段

项目初审阶段跟踪审计主要以项目概预算为核心，通过审计得出可行性分析报告，除此之外，项目初审还包括以下几个方面：首先，审核项目设计，分析工程总量造价，审核项目设计涉及标准、材料等，保证从源头上控制好工程造价总额。其次，审核工程量清单。一般情况下，工程量清单会在项目招标阶段就发布出来，此时审计工程量清单可最大限度地避免工程量错算、漏算的问题，为后续准确计算工程造价打下坚实的基础。最后，审核工程概算，主要通过工程定额审计项目涉及人工、材料、设备等成本，对工程造价的准确性进行分析。

（二）设计阶段

有研究表明，设计时的造价审计在项目决策正确的前提下，对工

第五章 建筑工程审计具体应用

程造价的影响程度高达75%以上,设计中影响造价的主要因素有很多,工业建筑和民用建筑影响的因素还不同,我们以民用建筑为例,影响工程造价的因素有建筑物平面形状和周长系数、住宅的层高和净高、住宅的层数、住宅单元的组成及户型、住户面积、住宅建筑结构的选择等。作为审计人员,应该清楚这些影响因素,对接下来审核工作是有很大帮助的。比如,在审核设计方案的时候,我们可以根据这些影响造价因素的内容对不同设计方案进行审核造价,从而选出最优的设计方案,既能满足造价要求又能满足业主要求。

(三)项目建设阶段

建设阶段跟踪审计的重点在于工程建设进度及结算进度的审计、工程建设中设计变更及变更签证的审核等。建筑工程产品具有单一性,投资巨大且建设周期长,建设过程中需要分阶段支付工程价款,审核工程进度为支付工程款项提供更可靠的依据,并且建筑工程建设过程中设计变更是不可避免的,及时分析工程变更的原因,并做好造价分析,可以将工程变更对整个工程造价的影响降至最低。

(四)竣工阶段

该阶段的跟踪审计工作,需要审计人员落实好相应的整理工作,由于竣工结算阶段涉及较多影响工程造价的因素,因此需要在造价跟踪审计过程中,将施工阶段投资控制中有关因素的归集和整理工作做好,为竣工结算的顺利完成创造有利条件。并且,整理和汇总施工阶

段造价跟踪审计结果,为竣工结算跟踪审计的实施提供保障。

总之,运用建设项目跟踪审计的方式开展建设项目的全程造价控制,达到了建设项目的总体目标,彻底改变了三超的现象。建设项目跟踪审计作为当前审计的一种方式,已经被运用于大中型建设项目的审计内,并且获得了十分显著的管理效益以及直接的经济成果。在审计过程中和施工、建立及建设管理工作等进行密切配合,将内部控制审计作为重点,把握好审计参与度。

第六节 风险导向审计在建筑施工企业内部审计中的应用

风险导向审计（risk oriented audit approach）是基于传统审计思维与模型创新提出的一种全新设计思维理念与模式。相对于传统设计风险导向审计模式而言，风险导向审计是在被审计企业风险评估的基础上，以重大错报风险评估、审计流程为核心，利用多元化设计方法，对被审计企业进行综合性、一体化、实质性分析审查的方法。风险导向审计在企业内部审计总的科学应用，对降低设计风险，提升审计质量，促进企业稳定与可持续发展具有重要意义。

一、风险导向审计特点分析

据相关资料研究分析得知，风险导向审计主要具有以下特点：其一，相对于财务导向审计、管理导向审计以及业务导向审计而言，风险导向审计的核心在于企业"风险"。无论是审计目标、审计对象还是审计规划与施行，皆与企业具有密不可分的关系，如全面性、综合性分析企业风险因素，合理评估企业管理过程中的各项风险因素，把握企业重大错报风险形成因素等。其二，风险导向审计改变了传统企业内部审计项目决策后进行风险审计的模式，在注重企业内部审计计划和企业经济活动目标建设的基础上，利用科学风险管理方法对企业内部管理各环节存在的风险进行分析、评估、整合与解决，实现了风险导向审计"事前审计"模式的发展。其三，风险导向审计是基于企业内部风险管理，实现企业风险管控的，风险导向审计在对企业内部高风险项目进行控制的同时，也对内部控制制度本身具有评估、完善、调整的作用，因此风险导向审计是"大于等于"企业内部管控审计的。

二、风险导向审计在建筑施工企业内部审计中的应用分析

据有关数据统计：我国建筑行业总产值呈逐渐上涨趋势，仅2016年上半年，我国建筑业总产值已经超过125791亿元，比2015年同期增长7%，到2017年将突破19万亿元。相对于建筑行业生产能力的迅猛发展而言，我国建筑行业生产管理模式、工作人员整体素养与综合能力、工艺创新技术存在一定的落后性，建筑行业在发展过程中对固定资产投资存在一定的依赖性。这些因素在一定程度上制约了我国建筑行业的稳定和可持续竞争发展，不利于进驻企业经济效益的提升和内部管理结构创新与改革发展。基于此，在建筑施工企业内部风险管控过程中，引入风险导向审计理念，建立风险导向审计风险管理模式，有利于促进内部审计作用的发挥，提升企业内部风险管控质量，降低企业内部控制风险，优化建筑企业经济效益具有重要促进作用，是新

第五章 建筑工程审计具体应用

时期建筑施工企业内部组织结构改革发展的必然趋势。

(一) 风险导向审计在建筑施工企业内部审计中的应用问题

实践分析发现，目前我国建筑施工企业风险导向内部审计主要存在以下几点问题：

1. 缺乏应用的认知意识与指导理论

目前，多数建筑施工企业并没有真正认知到风险导向审计对企业内部风险管控的重要性，从而导致企业内部审计工作不符合企业发展与经营决策目标，内部审计仍处于项目财务导向审计与内部管理导向审计层面。

2. 缺乏完善的审计信息数据库

审计信息资料的分析、评估与预测是实现风险导向审计理念发展模式构建的重要前提条件。因此，建筑施工企业要想实现风险导向审计的优化应用，就需要建立完善、全面的审计信息资源库，并实现企业内部审计部门与其他部门之间信息的共享与连接。但是，目前我国多数建筑企业并未建立独立且完善的审计信息平台，内部审计部门所使用的数据信息主要来自企业以前内部审计信息资源的存档，从而导致风险导向内部审计无法实现对企业经营与管理风险的准确评估与预测，风险导向内部审计的应用达不到风险导向审计实际需求。

3. 企业内部审计工作人员整体素质低下

风险导向审计作为一种新兴审计理念与审计模式，其在企业内部审计中的有效应用，对企业内部审计工作人员具有较高的要求。它不仅需要内部审计工作人员掌握相关的审计知识、会计知识、管理知识、行业知识以及法律知识等，还要求内部审计工作人员会运用一定的定量分析方法、风险评估与管控技术以及现代化审计技术。但是，现阶段我国建筑企业内部审计人员对上述知识与技能并没有去全面地掌握与了解，且缺乏专业化应用型风险导向审计人才，从而在很大程度上制约了风险导向审计在建筑施工企业内部审计中的应用发展。

4. 缺乏相应风险导向内部审计制度

目前，在我国建筑施工企业内部审计中，审计程序完整性以及审计操作秩序化是测评企业内部审计质量的主要依据。但是，在风险导向审计理念中，对可规范风险的实质性测评程序并无硬性要求，与现行内部审计考核制度相背离。因此，要想保证风险导向审计模式在企业内部审计中的优化应用，审计制度的改革与完善至关重要。

（二）风险导向审计在建筑施工企业内部审计中的应用对策

针对现阶段我国建筑施工企业风险导向审计在内部审计应用中存在的问题，可通过以下几个方面进行优化与改革，用以实现风险导向审计在建筑施工企业内部审计中应用作用的有效发挥。

1. 建立完善的内部审计机制

建筑企业管理人员在提升自身风险意识的同时，应转变传统的内部审计管理模式，建立独立企业内部审计部门，并制订科学、完善的企业内部审计制度，用以规划内部审计工作秩序，促进内部审计工作人员工作职责的贯彻落实，从而提升内部审计质量与工作效率，降低

第五章　建筑工程审计具体应用

企业内部审计风险。

2. 加大建筑施工企业内部审计人才队伍的构建

人力资源是建筑施工企业建设与发展的核心资源，对风险导向审计的优化应用具有直接影响作用。对此，建筑施工企业应针对当前内部审计管理人员整体水平低下问题，进行有效解决，并构建符合企业发展与社会需求的内部审计人才队伍。例如，建筑施工企业在选聘过程中，聘用高素质、专业性现代风险导向内部审计人才、工程技术人才、计算审计技术人才、风险管理人才等，革新人才组织结构，并从根本上提升企业内部审计工作人员整体水平；组织开展人才培训，提升员工风险意识、工作责任感、职能素养，丰富员工知识，拓宽员工思维与视野；通过沟通与交流活动，提升内部审计工作人员职业判断能力、风险管理能力与审计信息数据评估经验。

3. 注重审计信息化的建设与发展

在大数据发展的背景下，随着信息技术、网络技术以及科学技术的普及应用，企业应结合实际情况引进先进的财务管理软件设备，促进企业内部审计的信息化建设与发展，用以实现企业内部风险评估、管理与控制的快速化、精准化、全面性运行。从而提升企业内部控制风险评估的准确性、科学性与可信性。

总而言之，风险导向审计的有效应用已成为企业内部审计风险管理的核心审计思想，对企业运营与管理具有重要影响作用。我国建筑施工企业应结合自身实际情况，针对存在的问题，采用科学、合理的方法实现风险导向审计在企业内部审计中的优化应用，从而降低企

建筑工程审计常见问题与对策

业审计风险,提升企业内部审计质量,保证企业运营与生产效益的最大化。

第七节　微探工程审计在工程造价控制中的合理应用

工程审计对工程造价有控制作用，它是工程造价形成过程的重要一环，主要工作就是在工程建设中对工程的所有环节进行监督检查，促进工程质量的最大化，保证工程的顺利实施，对工程中资金合理使用具有一定的意义。但是在具体应用过程中，它的发展还存在很多问题，还需要对它进行合理的解决，促进优化工程审计实施，推动其进一步发展。

一、现存问题

（一）从施工方案角度来看

在具体工程建设过程中，要想保证工程的顺利实施，首先需要进行施工方案的编制，对工程需要达到的预期目的进行确定。例如，在进行降排水施工方案编制过程中，对降排水所采用的方法进行选择，就需要根据相应的地质勘查报告为基本依据进行考虑。但是这样的方案在具体的编制和实施过程中，却存在很多问题。很多施工管理人员对前期的准备工作做得不够到位，确定的施工方案也没有切实地落到实处，容易造成施工过程困难，造成工程成本的增加，造成资源的浪费。而且，在施工准备阶段，相关的工程审计人员如果对施工方案编制的工作重视程度不够，不能积极地参与到制订环节中，放弃监督职责，造成工程预算成本与实际存在差异的现象，容易引起工程造价失控的状况，使工程审计监督作用失去意义。

（二）从施工管理角度出发

工程的施工，是一个较为复杂的工作过程，而且各个部门之间存在一定的联系，相互之间互相影响，在具体的工作过程中，需要各种施工设备和资源的支持，造成很多方面的支出。这样的工程，就需要工程审计人员的参与。然而从实际情况来看，工程审计人员却不能切实地深入工作中，不能考虑到实际情况，经常会出现重复计算的情况，造成开支的重复，导致成本的增加。而且在施工过程中，不能对施工材料的价格进行了解掌握，不能对现场施工的情况了解透彻，不能根据施工实际发生的工程量进行核算，容易造成高估冒算情况的发生，造成工程的浪费开支，降低工程造价管理的工作效率。

（三）从竣工决算角度出发

在施工竣工阶段，需要工程审计人员对工程的决算进行审核，而

第五章 建筑工程审计具体应用

这样的过程,主要是依据竣工资料来进行的。然而从现在的工程发展现状来看,可以看出施工人员所提供的竣工资料存在一定的问题,具有不实、不全的情况,容易造成工程决算审计工作的进行十分困难。与此同时,很多施工单位对编制的决算书编制不够合理,不仅违反相关的合同约定,而且虚报的造价较多,对工程的造价审计工程实施产生消极影响,容易引起工程决算纠纷和矛盾。

二、应用措施

(一)在准备阶段

为了有效地提高审计工作的工作效率,首先需要对工程的前期准备工作进行全面的实施,对施工方案进行编制,工程管理人员要能够从实际情况考虑出发,对工程的施工技术进行综合分析,对施工资源进行合理利用,选择合适的施工方法,提高方案的合理性和可操作性,保证工程的顺利实施,最大限度地避免施工过程的各项不利因素影响。对于工程审计人员,应该按照相关规定对施工方案编制过程进行相应的监督检查,并确保已通过的施工方案能够得到切实的执行,保证工程质量,促进工程的顺利实施,防止无组织的施工现象发生,使工程造价变得合理,对施工成本进行严格的控制。与此同时,审计人员要提高与各部门的工作联系,做好协调工作,促使工程审计工作能够全面落实。

（二）在施工阶段

在施工阶段对工程审计工作进行加强和合理应用，需要对施工进度、施工质量和相应的施工变更工作做好管理，促进工程的顺利实施，避免因为施工质量的不合格造成造价变更。在对施工进度展开管理的过程中，要对工程进度进行监管，控制资金的收入和支出，考虑相应的实际因素，对施工进度进行反复核查，对资料中的资金支出真实度进行调查，将实际的支出与预算支出进行比较，对存在的问题进行及时改正，提高成本资金的利用率。对施工质量进行管理，要严格按照施工设计标准来进行，保证施工的合理性，对施工工艺和技术进行控制，保证工程的质量和合理造价。对施工变更进行管理，要对原有方案进行更改，需要对施工现场进行勘查，对其进行核算，保证工程质量的同时，降低工程的施工成本。

（三）竣工核算阶段

竣工核算，需要工程审计人员对工程资料进行核实，因为对工程量计算的方式较为复杂，所以工程审计人员需要根据相应的施工方案和工程资料对施工图纸和实际施工情况进行比较，对工程量进行合理的计算。检查所用工程材料情况，对材料的用量，规格和型号进行比对，检查它是否符合实际情况，对不同材料之间的价格区别进行管理规划。然后要对隐蔽工程进行核实，以设计图纸为根本工作的重点，确保记录的真实性，对虚假上报工程量情况进行控制。最后，要对工程的结算书进行管理，对工程的名称，定额编号和定额套用等进行确定，明

第五章 建筑工程审计具体应用

确相应的工作内容,保证竣工核算的顺利实施,使工程审计工作合理应用。

针对工程审计工作在工程造价应用中存在的问题,对它进行具体的解决,从工程施工中的各个环节入手,对前期准备工作进行管理,对实施阶段进行具体的应用,对后期竣工进行核算,以保证工程的顺利实施,保证工程质量,促进工程的实施速度,降低工程的开发成本,使工程造价得到有效的控制。

第六章　建筑工程审计与管理

第六章　建筑工程审计与管理

第一节　建筑工程资料的管理

将建筑工程中的资料进行规范且制度化，为建筑的结构安全和质量提供了保障，对建筑目标控制也有帮助，在建筑工程中具有非常重要的作用。对工程的资料进行收集和编制，为工程资料的完整性和真实性提供保障，让施工活动以及后期的竣工验收能够顺利进行，提供原始且完整的数据。目前我国建筑施工单位在进行资料管理过程中，存在很多不规范的地方，如收集不齐全、没进行分类、编制不及时等问题，不仅让工程资料失去了自身的价值同时对建筑质量也有影响。

一、规范建筑工程资料的必要性

随着经济的快速发展，人们对外界的要求越来越高，建筑工程项目也不例外，要求建筑工程项目加强标准性和规范性。在建筑工程项目中，资料管理是最基础的，但是也很重要，对工程质量好坏起着一个衡量标准的作用。对于整个建筑项目来说，工程资料是最原始的资料，将整个项目中的信息进行记录，为建筑项目在施工过程中以及后期的

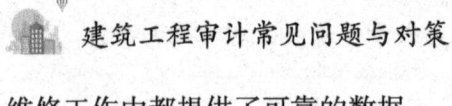

维修工作中都提供了可靠的数据。

二、建筑工程资料在管理中出现的问题

（一）资料管理重视度不够

很久以前就对建筑工程资料的规矩管理开始推广，但是由于很多建筑施工单位的不重视，对建筑工程资料的规范性发展产生阻碍。由于对资料管理的不重视，以及管理过程中的工作能力不同，对工程资料的完整度都有影响，并且在施工过程中对过程的记录也存在很大随意性和主观性。导致出现这个情况的最大因素是管理建筑工程资料没有什么经济效益，或者形成直接的经济效益，从而导致项目资料的重要性被建筑施工单位忽略，在整个建筑行业中这个问题普遍存在。

（二）制度不完善

建筑项目资料管理制度不完善现象在整个建筑行业中都存在。由于经济的快速发展，人口增长，需求增加，导致建筑行业发展迅速，这也导致很多小型建筑单位加入，从而降低了行业的门槛，对整个建筑行业的标准化产生影响。目前，很多建筑单位的项目资料是由档案部门来进行搜集、整理，但是这种情况会导致所收集的资料与实际的情况存在差异，从而降低项目资料的专业度。由于有的单位对建筑项目资料管理不重视，工程的全部资料几乎没收集整理，只是在施工快结束的时候为了竣工验收顺利完成，才展开项目资料的编制工作，但

第六章 建筑工程审计与管理

这样不仅会出现加大资料主观能动性，同时还可能出现胡乱编制或者是造假等情况，从而导致资料真实性降低。

（三）原始资料收集不及时

当建筑在施工过程中就应该对项目资料进行收集，及时补充相关资料，以此来确保资料的完整性和真实性，这些对建筑工程具有重要的指导意义，而且后期资料的完整性及真实性难以保证，导致建筑工程的竣工验收耽误。

（四）难以保证资料真实性

建筑工程资料的真实性不能保证，可体现在这些情况下：一是在进行建筑工程资料收集的过程中，收集人员一般是在档案管理部门工作，大部分在办公室，并没有深入施工现场，对于资料的实际情况不清楚，导致所收集的资料的真实性不高，二是重视度不够，这体现在建筑施工单位在施工过程中，没有进行项目资料的收集，为了竣工验收的完成而进行收集，导致在收集的过程中存在伪造的情况，上述情况都会降低资料的真实性。

（五）资料缺失

大部分建筑施工单位在施工过程中，只注重施工进度，并没有对相关资料进行收集整理，而且只对某些必须进行现场验收的材料才进行编制，但是由于没有进行验收，导致资料缺失。不仅如此，由于施工环境相对复杂及人员流动性大，施工项目资料容易丢失，从而出现后补资料的现象。

三、资料管理措施

（一）对资料进行细致划分

建筑工程是一项较为浩大的工程，其资料的涉及范围也相对较广，所以为了对建筑工程的资料进行管理，我们要把相应的管理制度进行完善，把每一种建筑资料经过细致的划分，进行分门别类的管理，把相同的资料放到一起，做好相应的标记，对每一种资料都进行严格的规整。这样，既能实现高效的管理，也方便日后对资料进行查询，避免建筑工程资料在工作过程中被遗漏。

建筑工程资料大致可以分成这么几类：施工资料、设计资料、基建文件、监理资料等，对这些资料进行细致划分，以免混淆。而且在进行装订过程中也要仔细核实，避免出现少页、漏页的情况。

（二）就施工资料收集和记录方面进行加强

是否拥有一份完整的施工资料标志着建筑工程质量是否完好呈现。所以，在建筑工程进行的过程中，我们要加强对建筑工程资料进行深入的研究，把每一份数据都做到精准化，把在建筑工程进行的过程中会遇到的问题及时扼杀在摇篮里。每一份与建筑工程相关的资料都必须定期进行核查、收集和储存。企业要安排相应的工作人员对性质不同的资料进行管理，要及时对所有的建筑工程资料进行归档整理，经过严密的管控,让建筑工程的质量和建筑工程的施工进度保持一致步调,此外,在施工过程中要对施工资料错漏的地方进行修正和补救,在工程竣工时工程管理资料也能够及时地完成。

(三)对建筑工程进行仔细的勘探

在建筑工程实施过程中,就相关的建筑工程资料难以确保其真实性,所以在建筑工程真正实施之前,我们要对相关的资料数据进行分析,要和工作人员一起对工程建筑项目进行实地勘探和考察,对相关的实体材料进行一系列的预估,就钢筋、水泥及防水层材料进行相应的估算,得到一个大概的数据,这有利于建筑工程能够更好地实施。经过一系列的考察,对建筑工程的相关数据进行一个大概的了解,经过实地考察的数据也更具真实性和可信度,能够避免因为资料的真实性对建筑工程造成延期等。

(四)对资料的后期管理工作进行完善

在把建筑工程资料进行存放之后,不代表对建筑工程资料的管理工作就此结束。相反,这才是真正的开始,不断加强对工程资料的后期管理工作,是有效确保工程材料不被丢失的关键因素,在建筑工程施工过程中,随时都需要对工程资料进行查阅,所以,在此过程中,工作管理人员需要对工程资料进行严密的保管,对每份资料的去向要仔细地进行登记,这样的方法对工程资料的管理具有重要的意义,能够避免工程资料的缺失问题。

工程资料的管理是一件比较烦琐复杂的工作，在对工程资料的每个阶段进行管理的过程中，管理人员必须时刻保持严谨的工作态度，对每一个工作环节都认真地进行核对，以免出现不必要的差错。建筑工程资料管理工作，对开发商企业来说具有相当重要的意义，如在工作过程中资料出现偏差和遗漏，将会给建筑工程的质量造成巨大的落差，所以工作人员应该提高警惕，只有工程项目能够顺利开展，企业才能获得良好的经济效益，企业才能从激烈的竞争中脱颖而出，寻求更好的发展机会。

第六章 建筑工程审计与管理

第二节 建筑工程项目的风险管理审计

一、建筑工程项目的风险管理概述

（一）工程项目风险管理的定义

工程项目风险管理，是指工程项目负责人员对可能造成亏损的建筑项目的不确定性进行预测、识别、分析、评估，并采取有效的处置方式进行处理，以此来实现花费最少的价钱而能为建筑项目的顺利完工提供最大可能的风险规避的科学管理方法。另外，其也是建筑工程项目风险管理审计的前提和基础。

（二）建筑工程项目风险管理审计的定义

建筑工程项目风险管理审计，是指工程项目负责人员内部审计部门采取一种系统化、专业化的方式，对工程施工过程中的资金投入、策略决定、财务管理、工程质量、施工周期、工程造价、建设过程所用新型技术等潜在风险的辨别、分析、评估、解决等管理行为合理性及施工体制、机制合理性的一系列审核活动,是一个对工程项目风险管理的控制、监督及评价的过程。

(三)我国建筑工程项目风险管理审计的使用现状

随着建筑行业的发展,建筑项目的规模也在不断地扩大,工程项目的负责人也更进一步意识到施工过程中所存在的风险的巨大影响。近些年来,越来越多的建筑单位采取了相应的建筑工程项目风险管理审计措施,但是采取建筑工程项目风险管理审计措施的建筑单位仍然不在多数,人们的工程建筑风险意识仍然有待加强。并且建筑工程风险管理审计的发展尚未成熟,现在的建筑工程风险管理审计方法也仍存在一定程度的缺陷,不能完全准确地对风险管理行为及体制机制的合理性做出判断。因此,我国当前建筑工程项目风险管理审计的使用率以及操作方法都是有待提高的。

二、建筑工程项目风险管理审计的必要性

(一)工程项目风险具有复杂特性,难以临时应付

无论是建筑工程项目风险管理,还是建筑工程风险管理审计,目的都是减少工程项目在施工过程所面临的各种不确定的风险。而之所以采取如此复杂的方式对工程项目风险进行预防是因为工程项目风

具有十分复杂的特性。首先，其具有客观性，指工程项目风险是由于受多种因素影响而客观存在的，是不以人的主观意志为转移的。其次，其具有不确定性、可变性及相对性，风险是指其发生的概率是未可知的，是难以推测的。在此基础上，工程项目风险是可变的，其风险大小及作用对象均不是固定的、相对的，这就使评估更具难度。最后，其还具有阶段性，指工程项目风险在不同的施工阶段具有不同的特征。综合来看，工程项目风险是十分复杂且多变的，而建筑工程项目的风险管理审计则可以在工程项目风险管理的基础上对管理方法进行评估以此大大加强了其科学性，从而可以更为准确地预测和解决工程项目风险。

（二）工程项目涉及财力较多，风险成本高

我国当前的建筑工程项目多数具有资金投入量大、规模大、施工周期长等显著特点，这也就意味着，建筑工程在施工中的任意一个环节所涉及人力物力财力都将会是一笔巨大的数目。如果建筑工程项目在施工的过程中受到某一因素的影响而产生风险，并且恰巧这一风险未得到妥善处理，则势必会导致巨大的财务损失。而建筑工程项目风险管理审计则是对风险预测以及处理方式等管理方式进行评估和监督的一个很重要环节，这一环节可以一定程度地保障风险得到及时的预防和妥善的处理。因此，为了减少建筑工程项目施工工程中大规模的财务损失，进行建筑工程项目风险管理审计是十分有必要的。

建筑工程审计常见问题与对策

(三) 造成风险预防阻碍

在建筑工程项目施工的过程中，工程项目风险管理主要是对工程项目风险进行预测、判别、评估。但是在工程项目风险管理的过程中，受到许多因素的影响而干扰管理方法的合理性和有效性。其中最为影响深刻的因素之一就是管理体制机制的不合理，管理体制机制的不合理可能造成管理组织在做出相应的风险规避决策时出现偏差，影响决策的效果。而建筑工程项目风险管理审计既包括对风险预测、评估等管理方法的确认和评估，也包括对管理体制机制的合理与不合理的评判，可以进一步优化管理行为的做出并进一步优化管理体制机制的结构，以此来有效地预防和处理风险，是十分必要的。

三、策略和建议

(一) 加强对工程项目负责人在经济方面的管理行为的审计

建筑工程项目施工过程中所面临的风险造成最大的影响即为经济方面的损失，因此，特别加强对工程项目负责人在经济方面的管理行为的审计是十分必要的。首先，在工程项目施工过程中，合同与工程资金等紧密相关，如果合同出现了问题，那势必整个工程的经济也会受到巨大的影响，因此工程项目负责人在订立合同时应当十分谨慎，并且在合同拟定后交给审计部门进行进一步的审计，以此减少合同的风险性；其次，在工程项目的建设过程中，工程造价预结算的风险也

第六章　建筑工程审计与管理

是十分大的，其受制于施工周期等诸多因素，而预结算也是关乎工程项目财务的一个重大方面，因此加强审计也是势在必行的；最后，工程项目的资源配置，在工程项目施工过程中，劳动力等资源的使用也是与工程的资金息息相关的，因此加强对资源配置的审计也是减少风险的重要途径之一。总的来说，要想减少工程项目建设过程中的经济损失，从经济决策方面加强审计是十分必要的。

（二）建立完善合理的工程项目风险管理体制机制

当前我国工程项目风险未及时预防或处理的原因是管理方法未得以及时采取或者采取不当，主要是由于我国当前的工程项目风险管理体制机制仍不够合理、完善。其中，工程项目风险管理体制机制的不完善可能包括专业性职能部门不够甚至风险管理体制机制缺失的现象，而这一现象，对于工程风险管理来说则是巨大的阻碍，专业性职能的缺乏导致部分风险无法得到合理预测，从而导致了紧急情况的发生，产生巨大的损失，风险管理体制机制的缺失则更是如此。另外，一些部门虽然具有完整的工程风险管理体制机制，但是结构不合理。例如，在预测难度大的相关部门却安排了较少的人员，导致了工程项目风险管理的不准确性增加，也就意味着增加了风险发生的可能性。因此，建立完善合理的工程项目风险管理体制机制是十分必要的。

（三）积极借鉴和吸取外国先进方法

除了上文提及的风险意识不够、部分单位风险管理体制机制不够完善、合理等建筑负责方的主观原因外,建筑工程项目风险审计的方法不够先进也是造成审计准确性有限的重要原因之一。导致我国建筑工程项目风险审计的方法不够先进的原因如下:首先,我国传统的建筑行业都是由只具有建筑技能的人员自主组成,因此对管理方面往往比较疏忽;其次,现在多数建筑公司在亏损后往往选择改行等措施,很少对风险管理方法进行经验性总结;最后,我国管理学和审计学的发展仍处于上升阶段,不算成熟。因此,我国建筑工程项目风险管理审计的方法仍然不够先进,而此时,我们既可以对国外此方面的先进理论和技术进行借鉴,以提高我国建筑工程项目风险管理审计的准确性,减少由工程项目风险造成的损失。

对于任意建筑工程项目来说,其不可预见的影响因素都是很多的,这就要求人们完善管理方法,采取相应的工程项目风险管理措施。而建筑工程项目风险管理审计则可以使工程项目风险管理措施更加准确,使工程项目在建设过程中可能承担的风险更小,安全系数更高。因此,建筑工程项目风险管理审计的施行是十分必要并且需要不断加以改进的。

第七章 建筑工程财务审计管理

第七章 建筑工程财务审计管理

第一节 建筑企业财务会计管理中的缺陷及措施

财会管理是企业发展的生命线,直接决定了企业的走向。所以,为了更好地应对未知的挑战,迎合市场发展的需要,建筑企业应重视加强自身财会管理,不仅要正视财会工作中的不足,还要努力尝试寻求进步,以高效的财会系统为企业发展建起坚固的城墙,才能在激烈的商场狙击中笑傲群雄。

一、建筑企业财务会计管理中的缺陷

(一)观念落后,缺乏时代意识

中华人民共和国成立后,我国经济发展一直以惊人的速度在前进,同时市场经济充斥的革新和竞争程度也是以空前的规模在撞击着企业的发展,尤其是企业的财会管理方面,稍有不慎就可能颠覆企业的根基,为企业带来无可挽回的损失。不幸的是,许多建筑企业关注项目施工管理的同时缺乏财会管理意识，对很多财会工作都疏于用心，而工程中出现财务漏洞会使企业遭受不必要的损失，尤其是针对现代建筑企业，财会工作职员根本不具备系统的管理意识。这表现在他们认为工程款的收支只是履行程序，却从来不思考财会工作中出现的管理问题，而建筑业庞大的财务系统一旦出现问题，他们没有任何应对措施。总的来说，就是建筑企业缺乏与时俱进的财会管理意识，他们仍沿用老套的观念看待财务管理，这对一个正在积极寻求现代化发展的建筑企业而言是黑洞，企业管理者应进行深刻反思。

（二）风险意识薄弱

无可否认，财会管理对企业抵抗风险能力的加强也具有重要意义。然而，目前的建筑企业财会管理中，其本身对商业风险的预测和应对就属于薄弱环节，更不用提为企业发展保驾护航了。比如，建筑企业中存在对资金流动分析不够深入、对当前金融环境背后隐存的风险认识不足以及对市场的走向判断不够精准等问题，所以时常出现投资失误，而建筑企业资金债务结构失衡时很容易引发财务危机，这对一个需要巨额资金驱动的建筑企业而言是十分危险的。不得不说，在房地产业蓬勃发展的今天，对建筑企业的财会管理也是极大的挑战，因为整个市场背后掩藏的是机遇还是危机，需要财会人员极高的风险意识和专业素养，显然，安逸惯了的财会管理人员们还不具备这样高的风险意识，这方面他们还比较欠缺。

第七章　建筑工程财务审计管理

（三）监管制度不够科学

通过调查可以发现，建筑企业的财会管理体系中，并不具备科学的监管制度。一方面，财会管理体系形同虚设，实质性的财会管理工作的落实大多依托于财务会计随心而为，即缺乏完善的监管制度。此时，经常会出现收支不明、成本预算不清、空账黑账等现象，如此混乱无序的财务状况，反而会拉低企业的工作效率。另一方面，企业管理层对财会工作的过度干预，他们本身对财会工作不了解却强行干预，这不利于财会管理工作的开展。所以，对财会管理的监管制度过强或过弱都不是科学的，需要得到规范的改善。

（四）财会管理人员专业素质过低

会计人员作为企业财会管理的操盘手，对财会工作的质量具有决定性作用。目前，从事企业会计工作的人员中，大多需要取得从业资格证。遗憾的是，我国的会计从业资格证考试门槛低，而企业为了节约人力成本，对会计职员上岗前也没有安排专业系统的培训，所以，大部分会计人员上岗时专业水平很差，又如何能保证高效地完成企业财会管理工作呢？

二、如何改进建筑企业的财务会计管理

（一）革新管理意识，强化财会管理创新

为了使建筑企业的财会管理更好地适应当前我国的经济环境，企

业应注重革新自身的财会管理意识，跳脱传统的束缚，采取符合时代需求的财会管理方案。首先，建筑企业要结合当前的业务需要，引进新时代的财会管理理念，重视财会管理工作的有序开展，从思想上树立发展意识，并从实际措施上对财会管理做出整改。其次，建筑企业应强化科技意识，注重对现代化财会管理手段的借鉴学习，在财会工作中引入电子科技等信息化工具帮助其更好地提高财会管理工作效率和精确度。最后，现代建筑企业的财会管理还应富有创新意识。只有在不断地创新中，才会激发财会工作人员对自身工作更多的激情和想法，引领他们更全面地看待财会工作，以期在工作上取得质的飞跃。总之，当务之急在于使企业会计人员在精神上高度重视财会工作的开展，并愿意彻底地革新自己对财会工作管理工作的认识，形成良好的意识，才能更好地指引他们工作并激发他们创新的思维，使企业财会管理获得持久的活力。

（二）加强财会管理的风险防范意识

建筑工程投标及建设需要强有力的资金支持，所以与之对应的财会项目工作也要具有高度的风险意识和周全的防范体系。第一，财会人员应时刻关注企业工程款的流动和走向，实时预测其可能遭遇的风险，发现问题及时对资金投资做出调整，降低企业资金被吞没的风险。第二，财会管理工作应加强对国家经济政策和市场金融环境的分析，正确把握整体的商业态势，帮助企业合理规避高风险的投资。第三，严格按照标准整理企业账目，确保企业资金债务结构合理，以免企业因财会结构不平衡影响企业的发展决策。对个人而言，最好的规避风险的投资方法是不把鸡蛋放在一个篮子里，这对建筑企业而言也同样适用。躲避风险的方法有无数种，只有选择最适合企业实际发展情况的对策，才能分散企业的财会风险，为企业成长提供平稳的环境。

（三）建设科学的监管制度

建筑企业为了谋求更好的经济效益，对财会管理工作的拿捏也需恰到好处。一方面。必要的监管是不可去除的。在财会管理中采取合理的监管，将责任落实到个人，切实保障财会政策的实施和效果，也可以减少财会工作的失误，使得企业的账目公开化，杜绝了财会漏洞的发生。另一方面，高层管理人员也应注意不能对财会管理工作过度干涉。应遵循用人不疑的原则，充分放权，使会计得以发挥专业素养，更好地开展财会管理工作。概括地说，企业内科学的监管制度，应权衡利弊，既要做到适度地监管，也要保持财会工作足够的自由度，使会计和其他职员协同工作为企业创收贡献智慧。

（四）提高企业会计人员的专业水平

认识到企业会计人员对企业财会管理的重要性后，应从各方面帮助企业会计从业人员提高他们的专业素质。企业可以做的是加大投入，开创有利的平台，为会计人员创造良好的学习环境。企业可以对职员提供一系列的岗前培训，重点加强职员对企业财会情况的了解并培养职员基本的财会工作技能。入职后企业应为会计人员学习国内外先进

的理念和技能提供进修机会，以保持财会工作队伍跟上时代发展的步伐，此外，企业也可以设立一定的考核评价，对企业会计员工进行定期的评定，激发他们工作的热情。当然，更重要的是会计人员本身，毕竟学习和工作主动权在他们手上。所以，财会人员要树立终身学习的意识，抓住每一个学习的机会，结合现代化的工作环境，努力充实自己，学会对自己的日常工作进行反思和总结，不断地提醒自身的专业水平才能避免遭受淘汰。聪明的员工一定懂得顺应时势，用知识和技能更好地武装自己。

建筑企业财会管理的发展历经无数年的沧桑，却始终是企业前行的不倒旗杆。对过去经验的总结弥足珍贵，而对未来，我们也怀着无数期许。虽然当下财会管理中仍有许多沟壑需要填补，但今天无数的会计人员正在为财会管理改革做出努力，假以时日，我们一定会看到焕然一新的企业账本。

第七章　建筑工程财务审计管理

第二节　建筑施工企业财务管理风险分析及审计应对

一、财务管理风险出现的原因探析

（一）财务管理决策没有科学性

财务管理的决策风险具有很强的破坏力以及影响力。通过对财务风险出现的主要原因进行分析可以发现，大部分财务风险是由于决策风险而导致的。决策风险可以分为两部分，一是主观决策而导致出现的风险，二是经验决策而导致出现的风险，下面就这两种风险进行详细探究。第一，主观决策风险。部分建筑施工企业在进行项目决策时，是由一个人或多人而决定的，比如说建筑材料采购、建筑设计等，在决策之前并没有进行详细的市场调研，也没有组织研讨会对某项建筑项目进行分析，这就导致建筑项目建设到一半而不得以停工，或者是项目的最终结果达不到预期，进而带给企业巨大的财务损失。第二，经验决策风险。部分建筑施工企业用以前的成功经验、施工方法以及施工设备进行其他建筑结构的决策，由于经验不足、设备技术落后等问题而导致财务风险出现。

（二）建筑施工财务管理人员缺乏财务管理意识

由于工程财务管理人员缺乏财务管理意识而导致出现财务管理风险，是财务管理风险发生的主要原因。正是由于工程财务管理人员缺乏财务管理意识，所以导致工程财务管理人员没有相应的管理能力，进而导致工程财务管理人员的建筑施工成本控制能力降低。尽管建筑施工企业已经制订了全面的建筑施工财务管理制度，然而由于工程财务管理人员自身能力有限，导致制度得不到落实，进而导致施工企业出现财务管理风险。比如，临设活动房是建筑施工不可或缺的一部分，临设活动房能够提供给施工人员临时休息的场所，以及自由周转材料是建筑施工需要特别采购的一部分，同时自由周转材料以及临设活动房是建筑施工企业经常调动、专业的一部分，但是在调入和调出过程中所出现的成本计量以及价值很少有工程财务管理人员进行管理，进而导致建筑施工出现隐性损失，导致财务管理风险出现。

二、防范财务管理风险的有效办法

（一）提升企业财务预算管理力度

为了提升企业财务预算管理力度，首先需建立全面、可靠的财务

第七章 建筑工程财务审计管理

预算管理规则以及制订,选派专业的人员专门对财务预算进行管理,同时提升资金管理力度,也就是企业法人需要让工程管理人员特别是项目经理意识到资金时间价值的重要性,以达到提升现金收付管理力度的目的。提升企业财务预算管理的具体方法是制订财务预算政策、实施办法、目标等,同时对建筑施工项目的财务预算方案进行审议、核对,并在下达财务预算之后,解决以及协调财务预算执行过程中所存在的问题,并对财务预算的执行情况进行考核,以督促企业员工尽快地、有效地达到财务预算目标。其次是需要将预算的控制管理工作做好。也就是建筑施工企业应当将财务预算的真实执行情况及时上报给相关机构,若是建筑施工某项目的财务预算实际的执行情况与预期存在偏差较大,则需要对该项目进行重查,查找出差别出现的原因,并制订出与之相应的纠正办法。

(二)提升企业内部财务管理力度,建立科学的监督体制

企业若想要降低财务管理风险,提升企业经济效益,需要对企业的整个资金运作进行程序化以及规范化管理,并全面控制资金的使用风险,以加强企业内部的财务管理以及生产经营效率。

(三)加强建筑施工企业管理阶层的综合素质

人才是一切的根本,所以施工企业需对项目管理人员进行教育培训工作,同时不断加强企业财务人员应用计算机的能力以及专业技术水平。同时施工企业还需要不断鼓励财务人员积极创新,鼓励财务员

工参与到施工企业的决策过程以及经营管理中去。另外,施工企业需实施竞争上岗制度,提拔优秀员工,教育培训较差的员工,这样财会部门的功能就能够充分发挥出来,财务人员就能够及时发现财务管理中存在的风险,降低财务管理风险出现的概率。

(四)审核建筑施工工程取费的办法

建筑工程施工的工程取费情况需基于当地相关造价管理机构所出台的规定以及文件为基础,并与施工合同以及招投标书等文件资料相结合,以确定费率。在对工程取费进行审核时,需着重审查取费文件资料的时效性,费率计算方式以及取费基础是否存在错误,执行所用的取费表与建筑项目施工的性质是否一致,另外,对于存在总价下浮或者是费率下浮的建筑项目,在结算阶段需审查新增项目或者是变更工程是否已出现同比下浮情况等。

(五)审核项目预算收入

建筑施工企业的审计机构需要设置专门的预算统计审计人员,以结合建筑施工项目的计价方法以及施工进度对整个项目的预算收入进行审核;并将可以确认的收入及时计报产值然后进行收入处理,若不可以作为收入处理则需对原因进行挖掘分析,同时与投资监理部门以及建设部门的签证确认情况相结合,对工程收入实现的实际情况进行判断。

综上所述,施工企业财务管理风险问题出现的原因是多种多样的,

第七章　建筑工程财务审计管理

所以一定要提升施工企业的财务管理风险应对能力，使用有效的防护措施，如提升施工企业财务预算管理力度、加强建筑施工企业管理阶层的综合素质、建立科学的监督体制等，并使用有效的审计应对办法，科学应对企业财务风险，对财务风险进行分散管理，切实保障施工企业的切身利益，提升施工企业的社会效益以及经营效益。

建筑工程审计常见问题与对策

第三节 财务审计在工程招投标中的作用

随着工程项目在类别上的增加，工程在施工中使用的费用以及对财务的预算都没有进行很好的审计。财务的审计工作，在工程的招投标过程中有着重要、关键的作用。通过对工程的财务进行严格、有效的审计，合理的预算工程在施工中的费用，从而节约工程单位在施工中的成本，确保工程的施工费用在财务审计的预算范围之内。随着工程企业在施工中不断地总结经验，清楚地认识财务审计对工程招标、投标以及在施工中的重要性。

一、财务审计与工程招标、投标

（一）财务审计

财务审计的工作是由国家的审计部门依照国家的相关法律、法规对工程或企业单位执行严格的审计、监督工作，审计其内部的财务报表，充分反映财务性的信息，并依法办事做出具有公正性的客观评估，进

第七章 建筑工程财务审计管理

而以审计报告的形式做出审计性的决定。对各单位实施财务审计工作的真正目的在于,披露内部资产的真实情况,防止单位做出违法的行为,达到保护国有资产的目的。财务审计的工作目标是,保证审查时间的真实性、合法性与公正性等,进一步实现它的工作内容。

(二) 工程招标、投标

工程招标的活动主要是工程单位间完成交易的特殊手段与方式,将签订的工程合同作为最终合作的目标,以这种目标为目的而进行的招标活动。工程的招标从狭义方面讲,实际上是招标方为了满足自身的发展需求,而提出一些具有吸引性的条件引导投标方参与活动。而工程投标的活动在概念上正好与投标的活动相反,它是参照招标方提出的条件、需求,达到参加竞争活动的目的,而做出的行为与活动。工程的招标、投标,体现了工程单位参与活动的整个过程。也可以说,二者在经济市场中扮演了供应方与需求方的角色。工程招标、投标的基本要素包括:招标方、招标文件、投标方、投标文件、开标、评标、定标、授标、中标以及签署工程合同。这些既是工程招标、投标的基本要素,又是工程招标、投标必走的工作程序。在这其中还有财务审计工作的参与,为工程的招标、投标工作在活动中保驾护航。

二、财务审计在工程招标中的作用

（一）审计招标文件的内容

财务审计的工作在工程招标中主要对招标文件进行审计，审计的内容包括工程的整体情况、招标涉及的范围以及评标所执行的准则，这是最基础的审计内容；涉及技术与经济的表述是否符合标准，如果不具备一定的要求和标准，就会影响开标的时间以及中标的后期工作；审计施工的环境、材料是否达标，如果这项内容不达到标准，就会严重影响施工的质量和进度；对施工的财务收支在预算方面进行审计，以达到在施工正常进度范围内使用的费用；审计投标在报价方面的预算，以符合施工的实际情况；对图纸进行详细的分析和审计；审计合同涉及的主要内容，规定在中标之后施工单位不得以任何理由转包、分包以及调换项目的负责人。对招标文件的内容进行严格审计后，对发现的不足之处进行及时修改，以保证招标文件的法律效应。

（二）审计招标文件的作用

招标文件是工程进行招标活动总的纲领，它的内容必须具有审计的针对性。投标文件在招标的实际过程中具有一定的约束作用，同样也约束着施工单位。所以，对招标文件进行审计具有很强的作用性。审计后的招标文件内容，将作为中标之后投标方和施工单位签署合同的重要内容，这样具有规范性的招标内容与文件，能够有效避免在施工中因各自的意见而产生争执。

三、财务审计在工程投标中的作用

（一）审计工程量的清单

工程量的清单在编写的过程中，一定要保证数量，避免编制出错误的清单。由于投标方是完全依据工程量的清单而设置投标的报价，若该清单的数量不够准确，就会影响投标的报价设置工作。在准确地编写工程量的清单数量之后，投标方需要对清单进行多方的确认。由于编写清单的工作人员在素质上不平衡，导致其编写的清单内容也不够具体和完善。基于工作人员具有的素质现状，投标方应该在收到制订好的招标文件的第一时间，参照文件上的具体要求和标准对编写的清单进行严格的审计。在审计清单数量的过程中，应该寻找专业的工作人员对其进行审计，因为工程的施工报价涉及了许多专业。专业的审计人员在实施工作时，根据文件中图纸的相关说明对清单的具体内容进行规范性的审计。如果不能清楚、规范地描述工程的施工特点，就会影响投标方的报价设置工作。另外，根据相关的技术与文件要求，对额外增加的工程内容或款项进行统一化的审计。

（二）审计投标文件的标价

投标标价的设置主要是利用综合的单价法对工程量的清单报价进行统一，在报价方面投标方与施工单位之间不会产生很大的差距。在审计投标文件的标价时,需要注意实际工程量的清单与文件上的清单是否一致;设置的投标标价是否能够达到招标文件规定的标准;工程用于施工的主要材料在价格方面是否合理;注意施工单位的材料报价与市场的价格是否能够保持一致;在季度性的施工中结算的标价是否具有差异。这些都是工作人员对投标文件的标价进行审计的主要内容,确保工程的结算报价与投标的标价具有一致性和公平性。

(三)审计签订的工程合同

在实施工程的招投标工作中,最关键的过程就是签订的合同,与之相对应的工作就是审计工作。一般情况下,签订的工程合同都是按照国家规定的标准拟定的。在拟定合同的过程中,也是结合了工程的各项文件,才最终确定出工程合同的具体款项。从理论上讲,只要按照国家规定的标准去拟定工程合同,在原则上就没有其他的问题,有利于工程合同的签订。在拟定好规范的工程合同后,需要财务审计部门对其进行审计与核查,保证没有任何错误之后,才能将其投入合同签订的工作中。在施工单位和投标方正式签订工程合同之后,就需要双方按照合同中国家的相关规定履行各自的职责,保质、保量地进行施工建设。

随着工程活动的不断创新与改革,不断引用先进的综合性单价法完成工程量的清单编写工作。对工程的施工成本进行科学、合理的财务预算,从而降低工程单位在施工中的造价。通过财务审计工作的落实,使工程单位的报价与文件中清单的标价保持一致。将投标文件中

第七章 建筑工程财务审计管理

的标价作为重要的参考价，稳定施工材料的价格。经过工程的招标、投标活动，加强财务审计工作的同时，全面、仔细地了解工程活动的整个过程，进而维持工程单位的施工秩序。充分展现了财务审计工作对工程招标、投标活动的重要性、作用性，有效发挥它的监督、管理、评价等职能。

建筑工程审计常见问题与对策

第四节 工程项目收尾阶段财务管理

工程项目的建设投资比较大,建设周期比较长,产生的影响因素比较大,很难将其风险进行规避,这样一来,工程项目建设财务管理就会遇到很大挑战。故此,从工程项目的立项和审批以及筹资等整个过程展开解读,强化建设投资财务管理,重视工程项目收尾阶段的财务管理。

一、加强收尾阶段财务管理的重要性

(一)直接影响着工程项目的竣工情况

在工程管理当中,竣工决算占据着非常重要的地位,施工单位高度重视,但是核算却得到轻视,对于固定资产的核定缺乏总结。建设资料搜集得不够齐全,决算的内容也不够完整,这样一来,实物支付和账目之间就会出现脱节的情况。为了使这些不良情况不再发生,收尾阶段的审核制订需要不断加强。

第七章 建筑工程财务审计管理

(二) 有利于项目的验收和移交

工程项目属于具有实际价值的有形资产，可以获得实际的收益，可以为经济发展提供有效的服务。项目管理部门的基本职责就是实现工程项目的建设和平稳运行，相关的财务人员需要完成收尾阶段的财务处理，包括尾款的结算，将其资产的管理手续进行有效的完善，对尾款进行有效的监督，使其可以得到及时的分配。与此同时，相关的收支问题和资产划分问题以及相关的财务管理核算制度都要由其负责，可以有效地衔接财务管理对于工程的竣工和过渡。

(三) 有利于降低成本

在收尾阶段，财务的相关问题主要集中在资金的索赔和收支核算等方面，除此之外，还包括资金的全面清理以及清点固定资产，这些相关的工作对于工程项目的成本都具有直接的影响，需要对财务管理进行严格控制，这样一来，在收尾阶段，有效地解决财务控制薄弱等问题，针对财务超出预算的情况也可以进行解决。

二、工程项目收尾阶段财务管理的加强措施

(一) 在收尾阶段的财务管理当中融入经营性项目

主管部门对于建设项目的建设管理和资金到位的情况高度重视，但是在收尾阶段的资金使用情况却被忽视。那么在实际交付过程中，建筑工程收尾时期，就会出现资金缺口，出现拖欠工程款的情况，在

交工的时候，甚至还会将收费年限进行延长，对工程项目的完成产生不利影响。以我国对基础建设的资产管理的相关要求为基础，全面地将债权债务进行清理，对于资金资产进行全面的清理，接受我国的相关审计，在项目的评价过程中，以经营合同为依据，使工程项目在收尾阶段，加强实施资金资产监管。

从财务管理的角度出发，收尾项目财务管理主要分为两种方式，一种是由公司财务部进行集中的统一管理，另一种是由项目部财务进行兼管。当前建筑工程项目更加注重将收尾项目的财务管理由清算中心进行负责，可以很方便地收集和分析财务信息，及时地掌握收尾项目的结算和回款等各种事项，并且及时采取动态处理。也可以将人力资源紧张的压力有效地缓解，使更多的财务和管理可以集中精力，将新上项目的管理工作做好，将费用的支出进行有效地减少，对中心管理人员进行清算，从而可以集中清收其外债，可以定期进行清收经验的总结，这样可以促进清算工作的更好发展。

（二）建立工程项目收费阶段的管理中心

工程项目的收尾工作，尤其是收尾阶段的财务管理的相关工作，具有很强的法规性和技术性、可操作性。工程项目在收尾阶段，具有很多的项目，那么竣工结算就会滞后，要想将工程的建设成本进行有效地降低，使我国的国有资产不被流失，将固定资产价值进行正确的核定，使固定资产的交付使用手段得到有效的办理，对于项目审计和后评价需要给予接受，使工程项目收尾阶段的财务工作质量得到有效

第七章　建筑工程财务审计管理

的提高，工程项目的管理可以更加规范，可以建立出管理中心，主要负责工程项目的收尾阶段的工作，对收尾阶段的核算和决算以及移交进行集中指导和协调。工程决算的基础就是预算、合同、实际完成工程量等，资金是否已经到位，都要按照合同上的约定和实际完成工作量以及实际发生费用，对工程成本进行计算，并且将工程造价进行核定，明确应该应付的工程款，做好其他结算工作的基础就是具备清晰的账务和完成的台账。

（三）加强财务人员的学习力度

在项目部财务人员的相关安排方面，需要由总公司进行统一分配，总公司还负责统一管理财务人员的工艺和福利待遇，要求上岗人员具备会计证，如果财务人员缺乏实际工作人员，需要进行岗前的培训，财务人员要具备一定的职权，避免出现竣工后财务账目混乱的情况。财务人员的素质要得到全面的提高，要求财务人员不仅要具备本专业的业务知识，还要将施工流程和工程预算方面的知识进行有效的掌握。

通过以上综合的论述，工程项目往往需要很大的投资，建设时间也比较长，在这个过程中，具有很多的影响因素，很难将那些风险进行规避，对工程项目的财务管理来说是一种巨大的挑战。因此，就要加强工程项目的财务管理。因为工程设计的项目比较多，任务也比较繁重，需要建设管理部门高度重视工程项目收尾阶段的财务管理。

第五节 会计审计对工程财务管理的促进意义研究

会计审计在企业中是一项重要的管理工作,它是根据相关制度,对企业的经营管理、财务收支等进行系统的监督和管理,分析企业的财务收支是否符合相关的标准,检查其真实性与合法性,并对其结果进行审核与分析。会计审计的目的主要是保障企业的资金安全,规范企业的经营活动和相关的行为,促进企业的发展。

一、会计审计对财务管理的促进意义

(一)帮助企业正确地认识财务管理的重要性

会计审计的审计对象主要是企业的会计信息,通过对企业会计信息的审查,分析其真实性、可靠性和合法性,这就为企业的决策者做出决策提供了一定的依据,使决策更具科学性和可行性,防止因为决策的问题而导致企业出现经济上的损失。而将会计审计得出的结果运用到财务管理工作中，将会有利于企业经营者加强对财务管理重要性的认识，更加地重视财务管理，将其放入企业的战略管理之中，促进企业的可持续发展。

（二）能够促进企业对财务管理体系进行完善

通过会计审计手段，可以使企业及时地发现财务管理中存在的问题和不足，找出财务管理制度执行中出现的错误，并对其进行指导，使管理人员能够重新对财务管理体系进行梳理，建立起更加完善的财务管理体系，这就有效地促进了企业财务管理体系的完善。当企业的财务管理制度得到完善，其内部的控制效率也会有所提升，可以有效地防止企业内部出现以权谋私的现象，杜绝因为自身利益而损害企业利益的情况发生，为企业的发展创造良好的氛围。

（三）能够促进企业财务报告质量的提升

在企业的管理中，会计审计具有监督的职能，通过该项职能，可以有效地促使企业的财务人员自觉遵守相关的规定，严格地按照财务工作的各项制度和相关程序来进行，并对企业的经济业务进行核算与评价，确保会计信息的真实性和有效性，从而提升企业会计信息的质量，促进企业的发展。

（四）可以有效地提升财务人员综合素质

通过会计审计对企业内部的信息进行审核，可以指出财务工作中存在的问题，并根据问题找出症结所在，提出相应的解决措施，使企业的财务人员加强对这些问题的重视，促进企业加强财务管理。财务管理人员在认识到财务工作中的不足时，就会查找产生问题的原因，并不断地加强自身的学习，提高自身的专业素质和业务能力，增强自身的安全防范意识，认识到财务管理中的风险，保证企业相关的财务活动都能够在合法的情况下进行。

二、企业会计审计的完善措施

（一）完善企业的会计审计监督机制

在企业的财务管理中，要保证会计审计的作用得到最大限度的发挥，并创造良好的经营环境，首先要有完善的会计监督机制作为保障。对此，企业需要加大对会计审计制度的重视，明确会计在企业中的地位，在企业的经营活动中，要将会计审计科学地应用其中，对企业经济活动的事前预测和事后控制等加大力度，确保企业的经营活动具有合法性。此外，需要设置相应的会计结算中心，对财务信息化加强重视，公开相应的财务信息，帮助企业的经营者和投资者更好地掌握企业的情况，了解企业的各方面信息。充分发挥会计的监督作用，确保会计信息的真实性和可靠性。

（二）加强企业内部的会计控制

企业在经营活动中，需要建立相应的会计控制体系，各个管理部门之间必须形成相互制约、相互联系的关系。只有企业各部门之间达到一种平衡的状态，才能更好地促进企业各项经济业务的有序进行，并为企业的财务管理打下一定的基础。首先，企业在设置岗位和选用工作人员时，一定要严格地按照岗位的需求和工作人员所擅长的方面来进行安排，还需要按照不相容岗位相分离的原则来进行设置，这样才能有效地防止企业部分管理人员以权谋私，出现徇私舞弊的现象。此外，要严格地控制好信息的质量，保证会计信息的真实性，对于相关的会计记录和报表等要进行专门的审查，保证资料的有效与完整。

（三）确保会计审计部门的独立性

在企业的管理中，会计审计对于其经济行为具有约束作用，要保证会计审计工作的顺利进行，使部门的监督职能得到有效的发挥，企业一定要确保会计审计部门的独立性，使其自主完成相应的监督管理工作。对此，企业在设置会计审计部门的时候，可以将其直接设置在董事会的下面，会计审计部门不再接受其他管理部门的管理，从而保证审计结果的客观性。此外，要积极地引进先进的计算机技术，将其应用到会计审计工作中，既提高了会计审计的效率，又节约了很多的时间和成本，从而提高企业的经济效益。

结束语

本书主要研究了建筑工程审计常见问题与对策，针对建筑设计过程中出现的问题提出了相应的对策，对未来建筑工程审计工作的研究具有一定的指导意义，内容完整，深入浅出。

首先，本书介绍了建筑工程审计概述，对建筑工程审计的基本概念做了详细的介绍，主要包括：建筑工程审计的具体内容、建筑工程审计常见的问题、建筑工程审计的重要性、建筑工程审计中问题解决对策以及建筑工程审计对施工项目投资成本的控制。通过介绍使读者对建筑工程审计工作有了深入的了解。

其次，本书着重介绍了工程预结算审计中常见问题及对策、工程造价审计中存在的常见问题及对策、建筑工程竣工结算问题与优化对策。主要针对工程预算审计、工程造价审计、工程竣工结算等问题提出了相应的解决方案。

最后，本书研究探讨了建筑工程审计的具体应用、建筑工程审计与管理、建筑工程财务审计管理。针对工程审计、财务审计中出现的问题提出了应对策略，为建筑审计工作的进一步推进奠定了基础。

参考文献

[1] 胡旭,王萍.论建设项目施工阶段的造价控制[J].建筑与预算,2016,39(2).

[2] 余玉金.施工现场签证存在问题及规范化管理之探讨[J].建筑与预算,2016,39(8).

[3] 孙宇,张健.建筑工程实施阶段工程造价的控制[J].建筑与预算,2014,37(12):24-26.

[4] 洪景斌.关于全过程控制的建筑工程造价跟踪审计分析[J].福建建材,2015,34(11):90-91.

[5] 黄治高.工程量清单计价模式下工程造价全过程审计研究[D].济南:山东大学,2013.

[6] 刘冬学.建设项目工程造价跟踪审计运行模式研究[J].建材与装饰,2015,11(49):146-147.

[7] 钱曼莉.工程施工期全过程造价控制及跟踪审计分析[J].江西建材,2016,36(6):268-271.

[8] 郑丽辉.建设工程竣工结算审核工作常见问题及对策[J].价值

程,2010,29(3):237.

[9] 杨霞.建筑工程全过程跟踪审计管理[J].甘肃农业,2015,03(14):18-19.

[10] 王添天,宫明利,高炎.试析全过程管理对建筑工程审计的影响[J].管理观察,2014,04(13):88-89.

[11] 贾虎.建筑工程项目全过程跟踪审计的实施与管理[J].价值工程,2016,05(11):54-57.

[12] 薛凡.浅析建筑工程项目全过程跟踪审计的实施与管理措施[J].价值工程,2017,01(21):1-2.

[13] 赵冬伟.建筑工程施工安全风险管理研究[D].扬州大学,2016.

[14] 王悦.某建筑工程项目风险管理研究[D].湖北工业大学,2016.

[15] 刘必胜.我国建筑工程项目风险管理模式分析探讨[D].合肥工业大学,2006.

[16] 赵晓玲.我国建筑工程项目风险管理研究[D].北京化工大学,2003.

[17] 江海峰.建筑工程预算审计方法分析[M].苏州:苏州市姑苏工程造价事务所有限公司,2015.

[18] 罗少锋,杨佳.强化建筑项目施工的跟踪审计[M].重庆:重庆铂码工程咨询有限公司,2014.

[19] 方强.建筑工程造价审计中的问题与对策[J].商品与质量,

2015，44（28）:74-75.

[20] 袁崇义.Petri网原理与应用[M].北京：电子工业出版社，2005.

[21] 孙家福.建筑施工中工程造价审计重要性研究[J].工程技术，2016，8（11）:72.

[22] 赵月梅.新形势下建筑工程造价审计中存在的问题及对策[J].统计与管理，2016，31（9）:77-78.

[23] 华晶晶，陈振.分析工程造价审计中存在的问题与改进措施[J].工程技术，2016，8（4）:138.

[24] 李海凌，史本山，刘克剑.基于Petri网的建设工程项目实施阶段工作流建模[J].计算机应用，2011，31（10）:2829-2830.

[25] 卢世国.论建筑工程中工程造价的重要性及审核方法[J].建筑知识，2013，33（12）:223.

[26] 陈婧.建设项目工程造价全过程跟踪审计研究[D].云南大学，2015.

[27] 姚健.跟踪审计在建设项目中的应用[J].山西建筑，2015，7（7）:33-36.

[28] 吕莉，贝建益.浅谈工程造价中全过程跟踪审计的应用[J].现代商业，2016，18（5）:167-168.

[29] 胡刚，胡正芳.浅谈工程造价全过程跟踪审计[J].黑龙江科技信息，2015.09（11）:65-69.

[30] 黄娟.建筑施工中工程造价审计的重要性分析[J].科技创新导

报，2014，11（21）:168.

[31] 金磊. 浅谈建筑工程造价的合理有效控制与探索 [J]. 江西建材，2016，36（2）:252-253.

[32] 余雪萍. 建筑工程审计存在的问题及措施 [J]. 四川水泥，2015，37（12）:249.

[33] 单明荟. 关于加强建筑工程造价审计的几点建议 [J]. 四川水泥，2015，37（12）:253.

[34] 王伟. 基于全过程造价管理理念下的施工阶段工程造价动态控制研究 [D]. 昆明：昆明理工大学，2010.

[35] 郁春燕. 建筑施工中工程造价审计的重要性及相关问题阐述 [J]. 住宅与房地产，2016，22（15）:66.

[36] 柯凯，梅仟. 关于工程造价管理中工程造价审计的探讨 [J]. 中外企业家，2016，33（21）:51-53.

[37] 胡玫. 建筑工程造价管理系统的分析与设计 [D]. 昆明：云南大学，2013.

[38] 梁志光. 有关建筑工程造价审计方法的相关探讨 [J]. 科技创新与应用，2013，3（23）:220.

[39] 苏蒙. 建筑工程造价预结算审核工作要点研究 [J]. 智能城市，2016（2）:188-189.

[40] 陈峰. 关于建筑工程造价预结算审核要点的探析 [J]. 化工中间体，2015（12）:110-111.